本书获国家自然科学基金项目（11904092，61475035，61275054）、国家973计划项目（2013CB932903）、湖南省教育厅科学研究项目（15C0251）资助。

表面等离激元增强 ZnO 复合结构光学性能研究

祝秋香　著

吉林大学出版社
·长春·

图书在版编目(CIP)数据

表面等离激元增强 Zno 复合结构光学性能研究 / 祝秋香著. — 长春 : 吉林大学出版社, 2023.1
ISBN 978-7-5768-0354-9

Ⅰ. ①表… Ⅱ. ①祝… Ⅲ. ①等离子体物理学—氧化锌—光学性质—研究 Ⅳ. ① 053

中国版本图书馆 CIP 数据核字 (2022) 第 164250 号

书　　名：表面等离激元增强 Zno 复合结构光学性能研究
BIAOMIANDENGLIJIYUAN ZENGQIANG Zno FUHE JIEGOU GUANGXUE XINGNENG YANJIU

作　　者：祝秋香　著
策划编辑：邵宇彤
责任编辑：郭湘怡
责任校对：单海霞
装帧设计：优盛文化
出版发行：吉林大学出版社
社　　址：长春市人民大街 4059 号
邮政编码：130021
发行电话：0431-89580028/29/21
网　　址：http://www.jlup.com.cn
电子邮箱：jldxcbs@sina.com
印　　刷：三河市华晨印务有限公司
成品尺寸：170mm×240mm　16 开
印　　张：11.75
字　　数：170 千字
版　　次：2023 年 1 月第 1 版
印　　次：2023 年 1 月第 1 次
书　　号：ISBN 978-7-5768-0354-9
定　　价：78.00 元

前言

preface

氧化锌（Zinc Oxide，ZnO）是一种具有 3.37 eV 的宽直接带隙、60 meV 的高激子束缚能半导体材料。ZnO 所具有的这些独特物理优势使其很容易获得紫外激光，并适合用于制备室温甚至更高温度下的高效受激发射器件。近年来，ZnO 半导体材料的紫外光电特性，尤其是激光特性一直备受国内外研究学者的关注。尽管 ZnO 微米棒、纳米线等具有天然的六边形截面结构，有利于形成回音壁模式（WGM）激光，但其光学损耗也是不可避免的。如何减少微腔的光学损耗，降低激射阈值并提高激光的强度及品质因子，就成为一个很有意义的研究课题。随着等离激元光子学（Plasmonics）的发展，表面等离激元增强半导体材料的发光性能引起了人们的广泛关注。入射光引起的金属纳米结构表面自由电子的集体振荡，能够将光场能量高度局域在金属结构表面，并表现出极强的近场增强特性。石墨烯类金属的特点同样使其具有表面等离子特性，而且石墨烯表面等离子体可以通过掺杂及电压调控等方式进行调节，具有更广泛的应用前景。利用金属、石墨烯材料这一奇特的物理效应，能够有效提升 ZnO 材料的本征发光效率，并设计和构建基于半导体材料复合金属纳米结构和石墨烯的新型光电子器件。

本书旨在利用 ZnO 微纳结构构建回音壁模微腔，实现与金属局域表面等离激元及石墨烯表面等离激元更为高效的耦合，既利用 WGM 微腔光场和表面等离激元都集中于界面附近所形成耦合的物理优势，又可用 ZnO 在紫外区的高增益为表面等离激元的短波响应提供高效补偿，将 ZnO 和金属 / 石墨烯的优点结合起来，形成 ZnO/ 金属、ZnO/ 金属 / 石墨烯、ZnO/ 石墨烯 / 金属等复合结构，研究金属 / 石墨烯对氧化锌微纳米材料光学性能的影响。本书的主要内容如下：

（1）利用气相传输法、离子溅射等方法分别制备了形貌可控的 ZnO 微纳结构、石墨烯和金属纳米颗粒（metal NPs），分析并优化原料配方、气氛、溅射温度、时间及电流等工艺条件。利用 SEM、EDS、XRD、TEM 等形貌与结构表征手段揭示了 ZnO 微纳材料、石墨烯和金属纳米颗粒的结构特征和生长机理。利用微区光谱、吸收光谱和拉曼光谱等技术系统表征了 ZnO 微纳结构、石墨烯和金属纳米粒子的光学特性。

（2）利用室温 PL 光谱测量技术，结合时间分辨光谱与变温光谱技术，在 ZnO 微米碟与金纳米粒子（ZnO/Au–NPs）复合体系中，不仅观察到了 ZnO 自发辐射增强，还提出了 Au 表面等离激元辅助的电子转移机制，有效提高了 ZnO 本征发光强度，并抑制了缺陷发光。同时，系统分析了 ZnO 激子、光子和声子等之间的相互作用，发现修饰 Au 纳米颗粒前后 ZnO 自发辐射的蓝移现象可以归因于 Au 表面等离激元的引入产生了 B–M 效应，造成电子跃迁带隙展宽，从而导致谱线蓝移。

（3）将金属 Al 和石墨烯同时引入 ZnO 微腔中，构建了石墨烯 /Al–NPs/ZnO（GAZ）的复合 WGM 微腔，利用飞秒激光和微区光谱技术系统研究了其自发辐射和受激辐射增强的过程。当 ZnO 微米棒修饰 Al 纳米颗粒后，其激光强度增强了 10 倍；当石墨烯转移到 Al/ZnO 微腔上时，其激光强度进一步增强了 5 倍以上。因此，由于在石墨烯 /Al 纳米颗粒表面等离激元的协同耦合作用，在 GAZ 复合 WGM 微腔中观察到了 50 多倍的激光增强。此外，GAZ 复合 WGM 微腔的激射阈值比纯 ZnO 降低了一半。金属 Al 不仅可以使 ZnO 表面粗糙化，并使石墨烯表面等离激元与 ZnO 激子形成高效耦合，也具有紫外短波区域的等离子体响应，可以与 ZnO 本征发光形成有效的共振耦合，增强 ZnO 发光。

（4）结合 ZnO 微腔回音壁模效应和石墨烯 / 金属 Ag 纳米颗粒构建了 ZnO/ 石墨烯 /Ag 复合 WGM 超灵敏 SERS 基底。这个新型复合 SERS 基底对生物探针分子实现了超高的灵敏度检测，其增强因子达到了 0.95×10^{12}，且具有超低检测极限，低至 10^{-15} mol/L。其显著增强的拉曼信号不仅与 ZnO 几何微腔结构的 WGM 光场限域效应有关，也离不开石墨烯辅助的电子转移和 Ag 表面等离激元的耦合作用。

祝秋香

2020 年 8 月

目 录

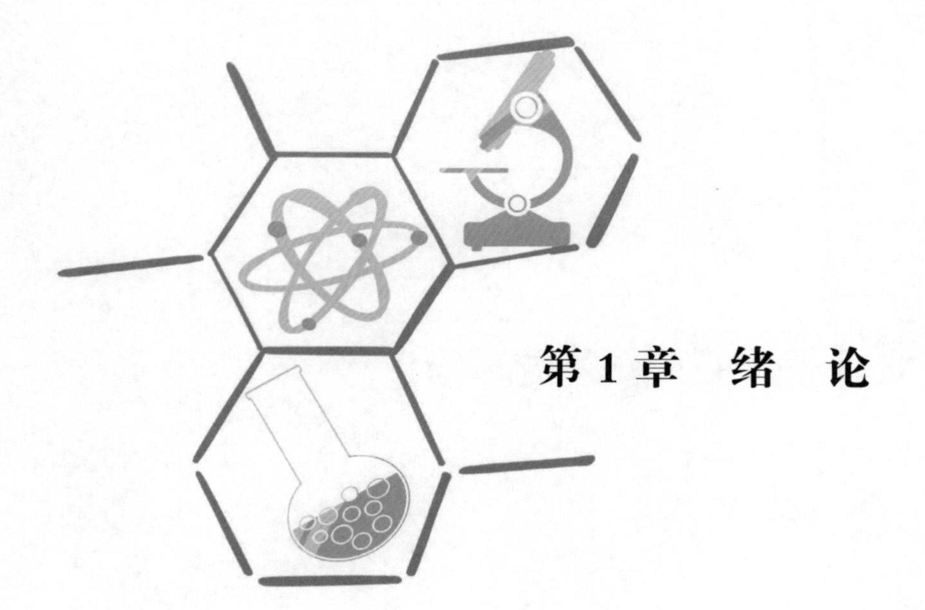

第1章　绪　论

1.1 ZnO 的基本性质与研究背景介绍

通常情况下，氧化锌（Zinc Oxide，ZnO）无臭、无味、无毒、无沙性，相对分子量为 81.39，密度为 5.606×10^3 kg/m^3，不溶于水、乙醇等醇类和苯等有机溶剂，但能溶于酸、碱、氯化物和氨水等溶液 [1-2]。熔点高，约为 1 975 ℃，加热至 1 800 ℃升华但是不分解 [3-5]。ZnO 具有三种典型的晶体结构，分别为四方岩盐矿结构、立方闪锌矿结构和六方纤锌矿结构，在一定条件下这些晶体结构可以互相转换。室温下，六方纤锌矿结构是最稳定的，在 c 轴方向上，锌（Zn）原子与氧（O）原子交替排列，因此 ZnO 具有较强的极性，也是一种极性半导体材料 [6-8]。近年来，随着纳米科学技术的迅速发展与进步，ZnO 材料的纳米结构及其光电性质激起了人们极大的研究兴趣。大量研究结果显示，ZnO 微纳米结构形貌丰富，如微米棒 [9]、微米带 [10]、微米管 [11]、微米梳 [12]、微米球 [13]、纳米线 [14]、纳米碟 [15]、纳米花 [16] 和纳米针 [17] 等。不同的形貌呈现出各自特异的光学、电学性质和热学性质，如电子传输能力强 [18]、没有毒性 [19]、生物兼容性良好 [20]，以及等电点高达 9.5 eV [21] 等优点。目前，各种形貌的 ZnO 微纳米结构已被广泛应用于微纳紫外激光器 [22-27]、电致发光器件 [28-32]、紫外探测器 [33-39]、太阳能电池 [40-43]、LED 器件 [44-46]、场效应管 [47-49]、化学、气体及生物传感器 [50-52] 等研究领域。

ZnO 是直接带隙宽禁带（室温下 3.37 eV）半导体材料，室温下的束缚激子能高达 60 meV，远高于氮化镓（GaN）的束缚能和自身的热离化能，因此，激子在室温下能够稳定存在。相比于其他半导体材料，ZnO 是一种更适合在室温下或者更高温度下使用的紫外光电半导体材料 [53-56]。

近年来，ZnO 半导体材料的紫外光电特性，尤其是激光特性一直备受国内外研究学者的关注。尽管 ZnO 微米棒、纳米线等具有天然完美的六边形截面结构，有利于形成回音壁模式（WGM）激光，但其光学损耗也是不可避免的。那么，如何减少微腔的光学损耗，降低激射阈值并提高激光强度及品质因子，就成为一个很有意义的研究课题。随着等离激元光子学（plasmonics）的发展，表面等离激元增强半导体材料的发光性能引起了人们的广泛关注 [57-61]。表面等离激元是金属表面的自由电子在光场的作用下产生的集体共振，具有显著的局域增强效应 [11，24-25]。石墨烯表面等离激元能显著增强光与物质之间的相互作用并具有明显的光场限域效应 [10，62-64]。基于表面等离激元的这一特性，国内外许多课题组相继开展并研究了表面增强光谱学的课题，它不仅包括表面增强荧光，还涉及表面增强拉曼散射，其中，表面增强荧光主要是指利用金属纳米结构局域等离激元的场增强效应对半导体或其他发光材料发光效率的增强。同样，表面增强拉曼散射是指利用金属的这个独特的场增强效应增强探针分子的拉曼信号。因此，ZnO 材料与石墨烯和金属纳米颗粒的有效组合构成了本书的研究重点，发展了表面等离激元耦合的新型光电子器件，并分析了其中的耦合机制。

1.2　ZnO 晶体结构与能带结构

ZnO 是Ⅱ～Ⅵ族直接带隙宽禁带极性半导体材料，也是二元化合物半导体材料，具有四方岩盐矿晶体结构、立方闪锌矿晶体结构和六方纤锌矿晶体结构三种晶体结构特征，这些晶体结构在一定条件下可以互相转换。例如，当外部压强增加至 9.6 GPa 时，六方纤锌矿晶体结构可转变为四方岩盐矿结构，而立方闪锌矿结构则是在立方相衬底上外延生长的亚稳态结构 ZnO 晶体。常温常压下，以六方纤锌矿的晶体结构最为稳定，即四个阳离子中间包围一个阴离子，形成正四面体晶体结构，反之亦然，这种四面体配位结构是 sp^3 共价键结合的典型特征，同时使这些材料具有离子特性[8]。其晶体结构示意图如图 1.1（a）所示，从图中可以看出，每个 Zn 原子周围有四个 O 原子，构成 $Zn\text{-}O_4^{6-}$ 负离子配位四面体，形成正四面体原胞。在 c 轴方向上，Zn-O 四面体之间顶角相互连接，四面体的三次对称轴（L_3）平行于六次轴（L_6），其中一个顶角沿 c 轴方向，且底面平行于（0001）面。纤锌矿 ZnO 以 $P6_3mc$ 为空间点群，晶格常数为 a=0.325 nm，c=0.521 nm，c/a=1.662，接近 1.633 的理想六边形比例。由于 Zn 原子中的 4 s 电子和 O 原子中的 2 p 电子彼此之间发生杂化而形成共价键，且电负性差别较大，所以 ZnO 键是有极性的。在 c 轴方向上，由于 Zn 与 O 原子交替排列，具有较强的极性，c 轴方向的极性面有 Zn^{2+} 组成的 (0001) 面和 O^{2-} 组成的 $(000\bar{1})$ 面[65]。除了 c 轴方向的极性面外，还存在 $(01\bar{1}1)$ 和 $(10\bar{1}1)$ 等极性面，如图 1.1（b）所示[66]。不同极性面的表面结合能不同，所以极性面上可以有一些特别的晶体生长现象。(0001) 面的表面结合能最低，因此通常情况下 ZnO 晶体具有 c 轴的生长优势，即沿 $[0001]$ 方向生长速度最快。

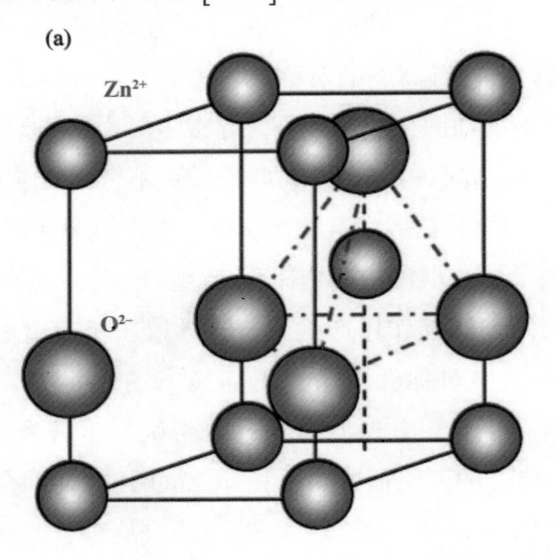

图 1.1　纤锌矿 ZnO 晶体结构图及其三个极性面

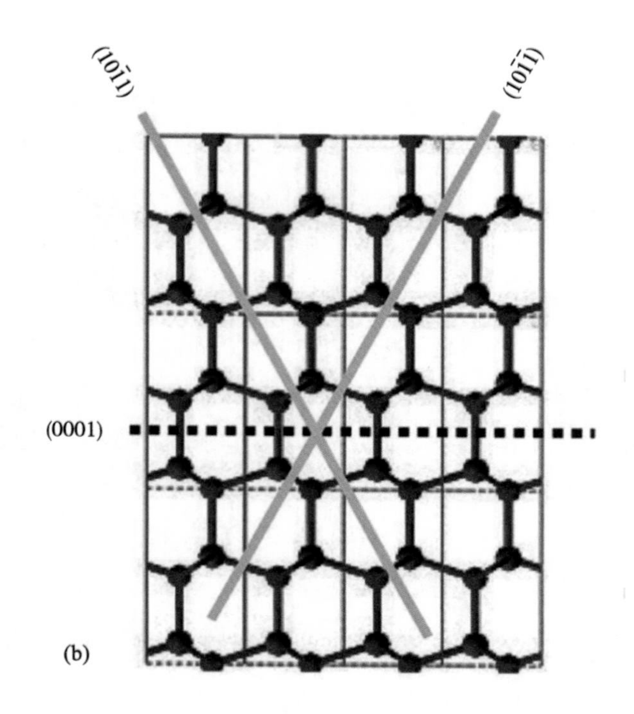

图 1.1　纤锌矿 ZnO 晶体结构图及其三个极性面（续）

注：（a）纤锌矿 ZnO 晶体结构示意图；（b）ZnO 的三个晶面

由于 ZnO 是一种典型的宽直接带隙半导体材料，其能带在六方布里渊区（Brillouin）中拥有高度的对称性。那么，ZnO 在 $\boldsymbol{k}=0$ 附近及微扰作用下能级劈裂情况如图 1.2 所示[67]，导带主要由 Zn 原子的 4s 态构成，价带则由 O 原子的 2p 态构成。根据群论，在不考虑自旋耦合的情况下，导带具有 Γ_1 对称结构；在考虑自旋耦合的情况下，导带具有 $\Gamma_1 \otimes \Gamma_7 = \Gamma_7$ 对称结构。此外，在 ZnO 晶格周围不仅存在电场，还有原子内壳层电子的存在，它们之间相互作用产生微扰，导致在相应离子附近并没有球对称性，只具有晶格对称性，从而引起晶体场开始劈裂。由于自旋耦合，部分简并价带上升，此时六重简并价带则发生劈裂而形成 J=1/2 的二重简并带和 J=3/2 的四重简并带。由于 ZnO 其自旋耦合为负值，因而 J=1/2 带的能量比 J=3/2 带的能量高。若忽略自旋耦合，晶体场作用将使价带劈裂为 Γ_5 和 Γ_1；若同时考虑晶体场与自旋耦合的相互作用，价带进一步劈裂为三个二重简并能带，分别为 A(Γ_9) 带、B(Γ_7) 带和 C(Γ_7) 带。一般情况下，六方纤锌矿结构半导体（如 ZnS、CdS、CdSe、GaN 等）的自旋耦合作用大于其晶体场的作用，三个价带之间则按照能量高低顺序分别按 A（Γ_9）、B（Γ_7）、C（Γ_7）排列。对于 ZnO 半导体材料而言，由于 Zn 原子的 4d 态更容易使 Γ_7 在 Γ_9 之上，从而产生所谓的“负自旋耦合”或“反转态序”，而使三个价带呈现为 A（Γ_7）、B（Γ_9）、C（Γ_7）的顺序排列，如图 1.2 所示。由于 A（Γ_7）和 B（Γ_9）之间的能量仅相差 5 meV，且跃迁选择定则相同，因此当电子从导带向 A（Γ_7）、B（Γ_9）跃迁时，则主要产生 $\boldsymbol{E} \perp \boldsymbol{c}$ 的光子辐射，而当电子从导带向 C（Γ_7）跃迁时，则产生 $\boldsymbol{E} /\!/ \boldsymbol{c}$ 偏振态的光子[35]。

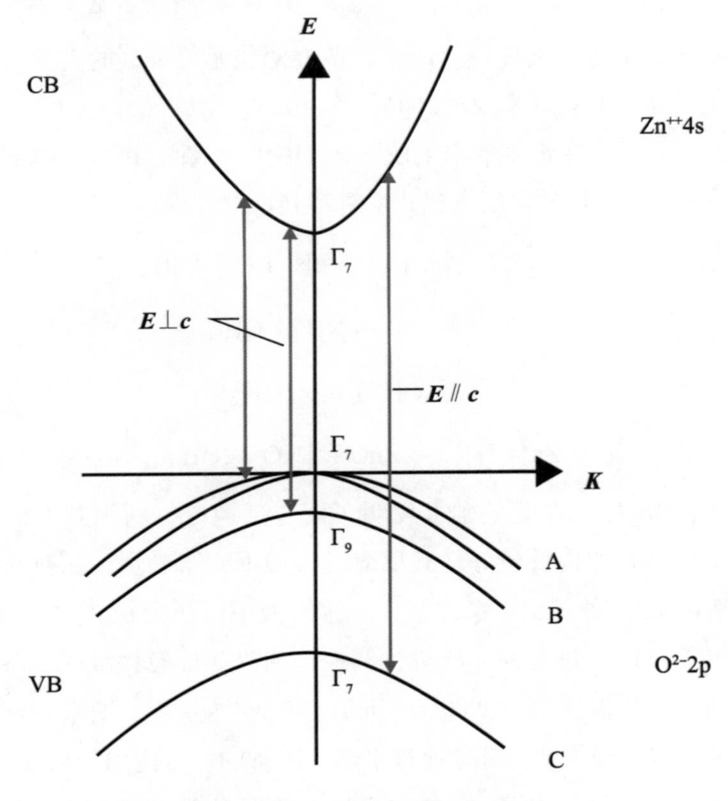

图 1.2 ZnO 能带结构[35]

1.3 ZnO 制备方法

近年来，人们通过各种方法成功制备了形貌各异的 ZnO 微纳结构，如纳米棒、纳米线、纳米带、纳米管、纳米碟、纳米球、纳米壳、纳米花、纳米钉、纳米弹簧和纳米多脚结构等。其常用的合成方法主要包括水热法（hydrothermal method）和气相传输法（vapor phase transport method，VPT）。

水热法：该方法由 Lionel Vaysseires[68, 69] 发明，具有反应温度低、经济性能好以及适合大规模生产、制备方便、无须苛刻的实验条件等优点。它主要通过锌盐（如 $Zn(NO_3)_2 \cdot 6H_2O$、$Zn(CH_3COO)_2$ 等）与弱碱充分反应后，在水溶液中生成 $Zn(OH)_2$ 沉淀，再经过水解而制得 ZnO。可通过以下化学反应方程式来解释其反应过程：

$$(CH_2)_6N_4 + 6H_2O \leftrightarrow 6HCHO + 4NH_3$$

$$NH_3 + H_2O \rightarrow NH_4^+ + OH^-$$

$$Zn^{2+} + 4OH^- \rightarrow Zn(OH)_4^{2-}$$

$$Zn(OH)_4^{2-} \rightarrow ZnO + H_2O + 2OH^-$$

后来，Boyle[70] 在此基础上发明了两步反应法，利用其方法制备的 ZnO 纳米线阵列取向性较好。其反应过程如下：第一步，在衬底上溅射厚度合适的 ZnO 种子层；第二步，在水溶液中沉积生长 ZnO 微纳结构。ZnO 的形貌可以通过各种方法进行调控，如改变反应物浓度、溶液 pH、反应时间及反应温度等。如图 1.3 所示的 ZnO 纳米棒、纳米管阵列、微米花、微米球和壳等结构都是通过水热法制备的，可应用于场发射[71, 72]，太阳能电池[40]，以及化学、气体、生物传感[50, 51, 73]等领域。

图 1.3　水热法合成的氧化锌纳米棒、纳米管、纳米花、微米球和壳等结构

气相传输法：主要利用高温条件下高纯 ZnO 粉末的氧化还原反应，在衬底上结晶生长而获得 ZnO 微纳结构，该方法具有简单、高效、获得产物纯度高、结晶性好和尺寸可控性好等优点。根据生长机理不同，可归结为气 – 液 – 固（VLS）[74–77] 和气 – 固（VS）[78] 两种生长机制。VLS 机制由 Wagner 等人 [79] 首次提出，成功制备了 Si 单晶晶须，并阐明了相应的生长机理。VLS 制备需要在原材料中引入催化剂和生长组元并形成凝固点较低的合金液态颗粒，诱导一维线状晶体生长。VS 机制则无须在制备过程中引入催化剂，利用化学还原、热蒸发、气相反应等产生组元气体，将气体传输至衬底区域，并在衬底上成核后诱导纳米结构的生长。通过控制反应条件，可以获得不同形态的晶核结构，诱导生成形貌各异的各向异性晶体结构。2001 年，利用 Au 作为催化剂，借助 VLS 方法，美国加利福尼亚大学杨培东教授课题组首次制备出了 ZnO 纳米线 [77]。实验中还可以通过调节 Au 薄层的厚度，控制生成纳米线的直径 [80]。

此外，利用其他方法也能制备出 ZnO 微纳结构，如分子束外延法（molecular beam epitaxy）[81]、磁控溅射法（magnetron sputtering）、激光烧蚀法 [82–84]、金属有机化学气相沉积法（MOCVD）[85–86] 和电弧放电法 [51] 等。

目前，本课题组主要利用气相传输法、水热法和激光烧蚀法来制备 ZnO 微纳结构。如图 1.4 所示，利用不同的生长条件制备出形貌各异的纳米棒、纳米花、纳米碟、纳米梳、微米塔、纳米线、纳米针、纳米片、纳米球和纳米壳等结构[87-90]。

图 1.4　本课题组利用气相法制备的各种 ZnO 微纳结构[87-90]

1.4　ZnO 紫外发光

物质发光是将某种如光能、热能、电能和机械能等形式的能量转化为光辐射的过程。ZnO 发光通常由近带边的紫外辐射（380 nm 附近）和波长分布较宽的可见发光两部分组成。目前，ZnO 紫外发光主要是激子发光，这是已经普遍被公认的，其能级示意图如图 1.5 所示。一般来说，通过电致激发或光致激发把价带电子激发到 ZnO 导带，然后弛豫到 ZnO 近带边能级与空穴结合，从而形成激子，并在导带下形成一系列分立能级，然后跃迁到价带即为激子发光。

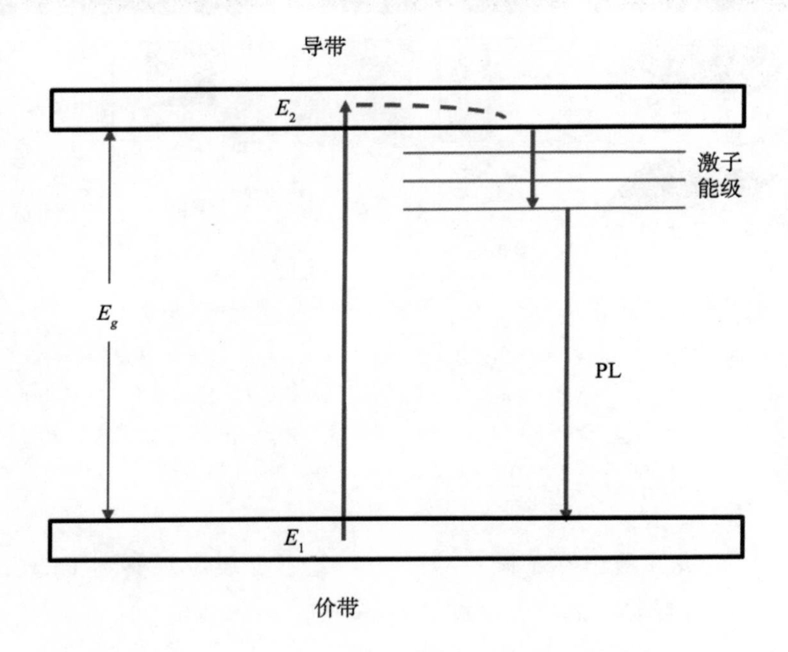

图 1.5　ZnO 激子复合发光示意图

ZnO 具有高达 60 meV 的激子束缚能，远远高于室温下的热活化能（26 meV），是构建激光谐振腔的理想材料。随着材料制备工艺的不断改善，人们获得了不同形貌的 ZnO 微纳结构（如单晶薄膜、粉末和纳米棒等），并实现了光泵浦紫外受激辐射[91-93]。根据激光理论，ZnO 微纳结构中的受激辐射可以根据谐振腔形式的不同分为三类：随机激光（random）[94-96]、法布里 – 珀罗激光（Fabry–Perot）[97-99] 和回音壁（WGM）激光[9, 100-101]，如图 1.6 所示。

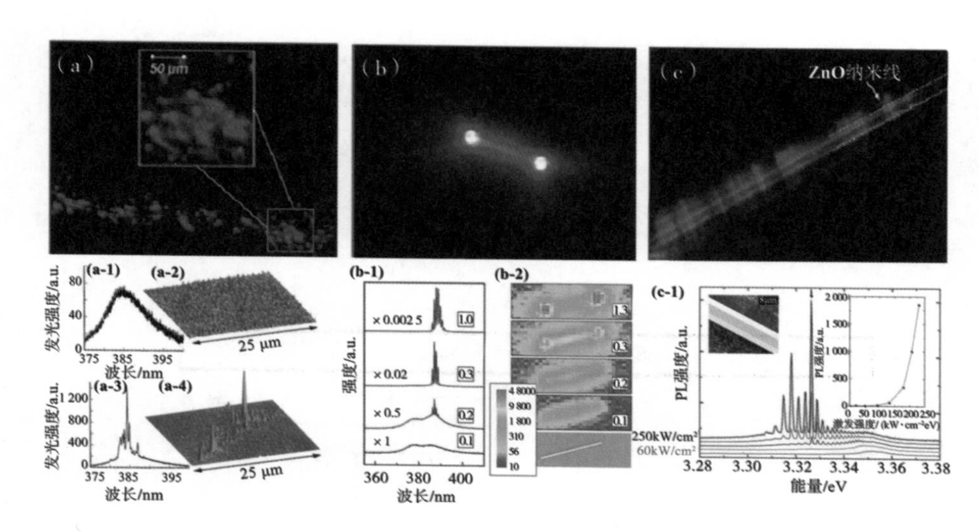

图 1.6　根据谐振腔形式 ZnO 微纳结构中的三类受激辐射激光

（a）ZnO 粉末随机辐射暗场光学照片：（a-1）～（a-2）ZnO 粉末的自发辐射谱及空间强度分布，（a-3）～（a-4）ZnO 粉末的随机受激辐射谱及空间分布强度[95]；（b）ZnO 纳米线中 F-P 激射暗场光学照片：（b-1）～（b-2）不同泵浦功率下的受激辐射谱及其 CCD 照片[98]；（c）ZnO 微米线中 WGM 模激射暗场光学照片：（c-1）不同泵浦功率下的回音壁受激辐射谱[101]

目前，研究人员已在不同形貌的 ZnO 增益介质中观察到了随机激光，如 ZnO 无序纳米颗粒[102]、多晶薄膜[103]、粉体薄膜[95]、纳米晶[104]和粉末[105]等。美国 Illinois 大学的 Cao 等人[95, 106]率先报道了 ZnO 粉末中的相干激光行为。其实验结果表明，在紧密无序的 ZnO 晶体中，当泵浦超过阈值时，可以输出多个线宽很细（0.09 nm）的光波，同时输出的光波是时间相干的。2001 年，Huang 等人[53]利用气相传输方法在蓝宝石衬底上生长出了 ZnO 纳米棒，并在室温下获得了 ZnO 纳米线的紫外随机激光。Chelnokov 等人[104]利用激光烧蚀法制备了高质量 ZnO 纳米晶薄膜，双光子激发得到了随机激光。Cao 等人[107]在熔融石英衬底上生长无序 ZnO 多晶薄膜，这种多晶薄膜可以作为高增益介质，光在这种无序高增益介质中不断反射形成闭合光路，由于强光散射观察到 ZnO 的随机激光，在同一激发功率密度下，不同的激发面积 ZnO 多晶薄膜呈现出不同的随机激光谱，如图 1.7 所示。在 ZnO 多晶薄膜内存在许多由这样的闭合光路形成的环形腔体，沿不同路径，光具有不同的散射损耗。由此可见，随机激光的“环形腔”可以由不同的散射路径形成，沿不同路径的激光输出方向可能不同，因而在不同方向测量光谱时，测到的激光光谱有明显差别，光谱模式是随机出现的，所以称为“随机激光”。另外，由于在小区域内“环形腔”的数量不同，由此获得的光谱模式也不同。上述研究结果表明，随机激光的模式结构及输出光无法精确控制，光路在 ZnO 中的路径无法具体确定，因此 ZnO 的随机激光并不是实现紫外激光器的最理想途径。

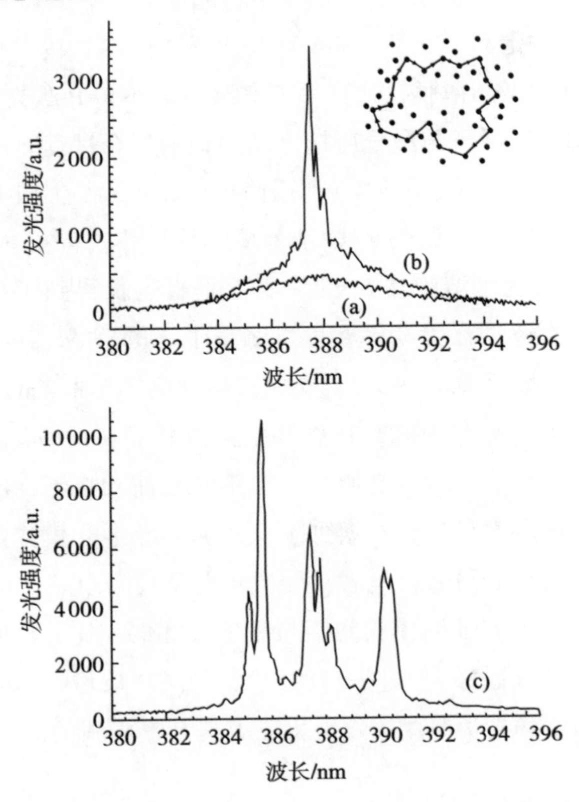

图 1.7 ZnO 多晶薄膜在相同激发功率密度（400 kW/cm²）、不同激发面积下的 PL 谱

（a）（b）（c）受激发面积分别为 2 700 μm²、3 800 μm² 和 4 500 μm²；插图为随机激光形成过程示意图[107]

Fabry–Perot（F–P）型光学微腔通常采用一种传统激光器的腔体结构，光被限制在两个相互平行端面进行反复振荡，从而实现增益的不断放大，并通过腔体尺寸调节可实现不同波长的激光输出。F–P 激射模式间距与品质因子分别表示如下：

$$\Delta\lambda = \frac{\lambda^2}{2L\left(n - \lambda \,\mathrm{d}n/\mathrm{d}\lambda\right)}, \quad Q = \frac{2nL\pi}{\lambda\sqrt{1 - R_1 R_2}} \tag{1-1}$$

其中，$\Delta\lambda$ 为模式间距；n 为 ZnO 折射率；λ 为波长；L 为腔体长度；Q 为品质因子；π 取 3.14；R_1 及 R_2 为两个平行晶面的反射率。

1998 年，香港科技大学 Tang 等人 [55] 利用 MBE 技术在蓝宝石衬底上制备了 ZnO 的微晶薄膜，并获得了室温下紫外 F–P 激光，并把这种紫外受激辐射归因于激子与激子碰撞之间的辐射复合过程。2001 年，加州大学伯克利分校的 Yang 等人 [53] 利用简单的 CVD 法在 Si 衬底上制备了直径为 20 ～ 150 nm 可调的 ZnO 纳米棒阵列，并获得了 F–P 激光模式。Choy 等人 [108] 利用水溶液法在 Si 衬底上垂直生长得到了高质量的 ZnO 纳米棒阵列，在不同激发功率密度下测量了 ZnO 纳米棒的 PL 谱，并产生了 F–P 激光。最近，Zhu 等人 [109] 在实验中观测了单根 ZnO 微米带的 F–P 激光的模式演变，并利用 FDTD 软件模拟仿真了其光场分布，其仿真结果与实验结果一致。如图 1.8 所示，在不同泵浦功率下，ZnO 微米带从自发辐射向受激辐射转变，观察到了从一套 F–P 激光模式到两套 F–P 激光模式的演变过程。另外，笔者对受激辐射模式间距随 ZnO 微米带的尺寸变化进行了统计，证明模式间距与腔体尺寸成反比，说明其受激辐射机理为 Fabry–Perot 模式。进一步的，利用 CCD 成像技术观察了在不同泵浦功率下的暗场光学照片，直接验证了其 F–P 模式的演变。

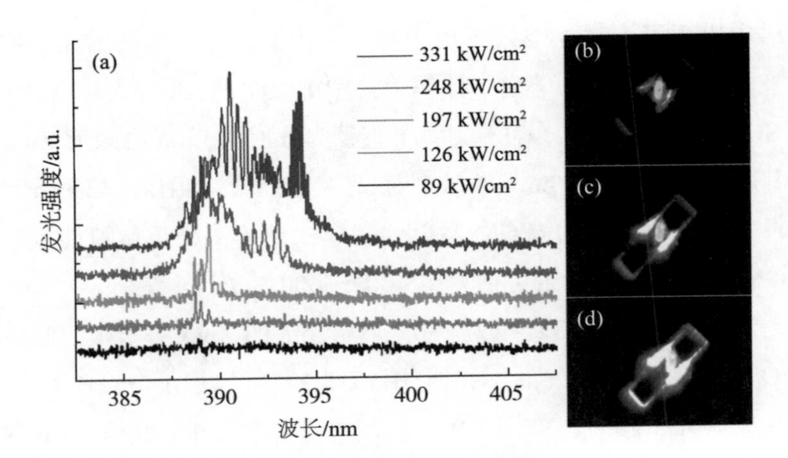

图 1.8 单根 ZnO 微米带的 F-P 激光的模式演变

(a) ZnO 微米带中不同泵浦功率下的 F-P 受激辐射谱；(b)～(d) F-P 激射从一套模式到两套模式的演变暗场光学照片[109]

近年来，高品质因子、低域值的 WGM 激光引起了研究人员的广泛兴趣，尤其是在场效应器件、传感器、光通信、紫外发光二极管和紫外激光器件等领域，ZnO 的 WGM 激光具有非常广阔且重要的应用前景。由于 ZnO 微纳结构通常是天然规则的六边形截面结构，又具有较高的折射率（n_{ZnO}/n_{air}=2.4/1），因此当光进入 ZnO 腔体内时，光波可以在六边形截面的微腔内壁不断进行全反射，同时 ZnO 具有较高的增益系数，光波在微腔中进行相干反馈，增益放大，获得紫外短波 WGM 模受激辐射。美国的奥本大学的 Wang 等人[110]采用 CVD 法合成了 ZnO 纳米钉，并首次利用 337 nm 纳秒激光脉冲在直径为 650 nm 的 ZnO 纳米钉中实现了紫外 WGM 激光，其域值约为 17 MW/cm^2，半高宽约为 0.08 nm，根据 $Q=\lambda/\Delta\lambda$ 可知，该 WGM 腔具有较高的品质因子。2008 年，德国的 Czekalla 等人[101]利用一个简单的碳热还原过程制备了直径为 3 ～ 12 μm 的 ZnO 微米线，并挑选一个直径为 6.4 μm 的 ZnO 微米线，用 266 nm 的四倍频 Nd:YAG 纳秒激光（10 ns，20 Hz）作为激发光源，在低温 10 K 下实现了 WGM 激光，模式清晰，品质因子 Q 高达 3 700，半高宽约 1 meV，激射域值约 170 kW/cm^2。同时，随着泵浦功率密度的逐渐增加，激光谱中出现了电子－空穴等离子体（EHP）效应，并指出光学增益的主要来源是电子－空穴等离子体辐射。中山大学的 Yu 等人[61]利用 CVD 法在 Si 基绝缘衬底上（SOI）制备了直径为 0.8 ～ 3 μm 的超薄 ZnO 微米碟，其厚度为 10 ～ 20 nm。在飞秒激光（160 fs，1 kHz，324 nm）的泵浦下，实现了室温下的 WGM 激射，其模式结构清晰，域值能量密度约为 205 μJ/cm^2，品质因子可估算得 400 ～ 600。Gargas 等人[93]利用 CVT 方法，自下而上合成了直径为 280 ～ 900 nm 的 ZnO 纳米碟，观察了单个 ZnO 纳米碟的单模激光，同时利用 FDTD 软件模拟了 WGM 光场分布，理论与实验完全吻合。如图 1.9 所示，直径为 842 nm 和 612 nm 的 ZnO 微米碟表面非常光滑，随着激发功率的增加，单模激光的强度也逐渐增强，其归一化的发光强度与泵浦功率的关系图如图 1.9 的插图所示。观察其阈值变化情况可知，直径稍大的 ZnO 纳米碟的阈值比直径稍小的要低，发光强度则更强，从而得出一个普适结论，即 ZnO 纳米碟的激光阈值与其直径成反比关系，这是因为 WGM 和 ZnO 增益介质间的空间重叠变得更少，从而导致更多的光泄漏出去，随着直径减小，WGM 光场分布减弱，最后光场分布在 6 个角上。

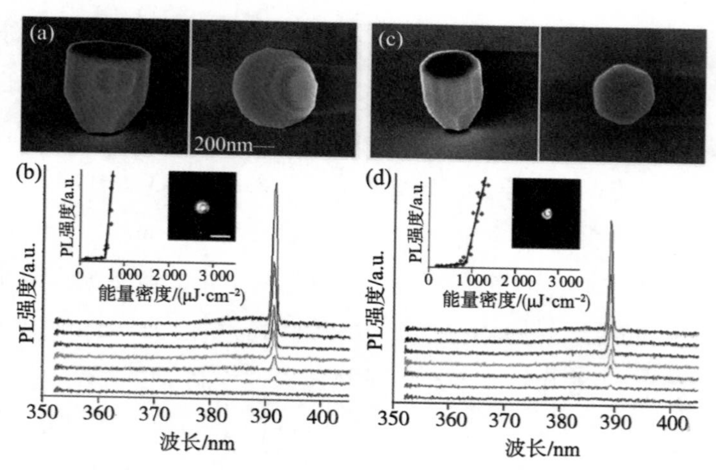

图 1.9　不同直径 ZnO 纳米碟截面和俯视 SEM 图及对应的不同激发功率单模激光

（a）～（b）：842 nm；（c）～（d）：612 nm；插图为归一化的发光强度与泵浦功率的关系图和暗场下的纳米碟发光图[93]

笔者所在的课题组也一直从事 ZnO WGM 受激辐射研究，并取得了一系列的创新性研究成果[23, 62, 111-113]。2009 年，Dai 等人[9]采用 CVD 法制备了直径为 5 ～ 10 μm 的 ZnO 微米棒，利用 Nd:YAG 纳秒激光（8 ns，10 Hz，355 nm）作为光源，并聚焦至 6.67 μm 的单根 ZnO 微米棒上，在室温下获得了 WGM 激光，如图 1.10 所示。随着泵浦功率的逐渐增加，观察到了自发辐射逐渐过渡到受激辐射的过程。另外，在测量时，通过旋转 OMA 探头，围绕 ZnO 微米棒测量了其周围辐射强度的空间分布情况，为确定激光的输出方向提供了有利而直接的实验证据。

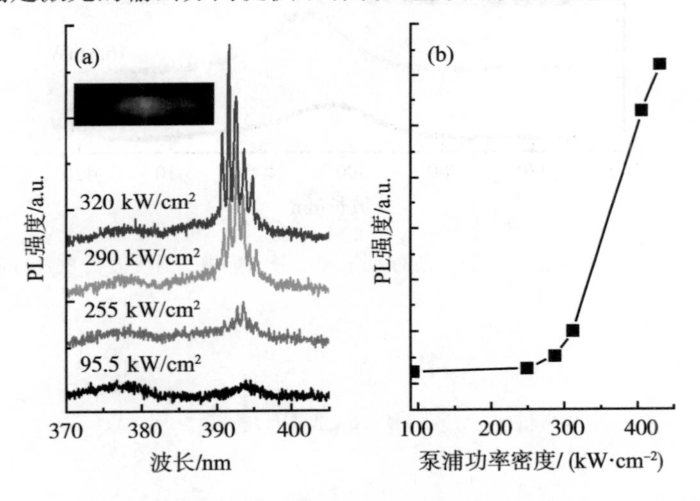

图 1.10　不同泵浦功率密度下 ZnO 微米棒受激辐射谱及辐射强度随泵浦功率密度变化关系[9]

同一年，Zhu 等人[22]选取直径约为 12 μm 的单根 ZnO 微米棒作为光学微腔，用飞秒激光（150 fs，1 000 Hz，800 nm）作为激发光源，报道了双光子泵浦的 ZnO WGM 激光，如图 1.11 所示，显示了不同泵浦功率密度下的 ZnO 微米棒的 WGM 激光谱，表现出了与单光子相似的光学特性。此外，在 ZnO 微纳米结构中也相继报道了三光子及多光子 WGM 激光等非线性光学现象[114-115]。随后，Dai 等人[116-118]系统研究了微腔尺寸对波长、激射域值、模式间距及品质因子的影响，对 WGM 腔体中的激子 – 光子相互作用过程（激子极化激元）以及在高泵浦功率密度下的

激子 - 激子相互作用过程（EHP，电子 - 空穴等离子体）等进行了系统的阐述。

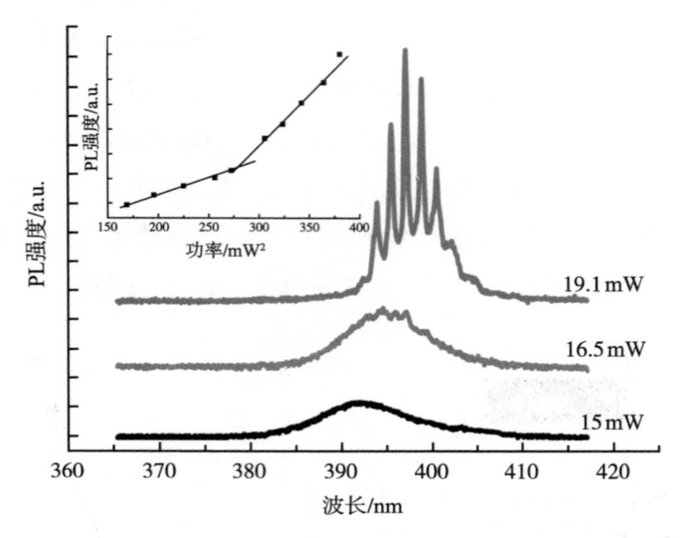

图 1.11　不同泵浦功率下的 ZnO 微米棒受激辐射谱，激发波长 800 nm[22]

1.5　表面等离激元概述

1.5.1　金属表面等离激元

公元 4 世纪，人类创造了一个精美绝伦的艺术瑰宝——莱克格斯杯。古人将金和银的纳米颗粒镶嵌在玻璃杯中，杯子就能够呈现不同色彩。例如：当光从正面照射玻璃杯时，杯子出现绿色；反之，从背面照射玻璃杯时，杯子出现红色[119-121]。20 世纪 50 年代，人们在金属介质中发现了等离激元效应。1957 年，Ritchie 等人[122]报道了一个令人兴奋的现象，当高能电子束穿透金属介质时，能够激发在正离子背景中的金属自由电子的量子化振荡，这就是等离激元。近年来，随着等离激元光子学

（plasmonics）的发展，人们对表面等离激元的研究与探索越来越广泛，并逐渐发展成为物理学、生物学及材料学等多个领域的前沿交叉学科。

表面等离激元（surface plasmon）是金属表面的自由电子在光场的作用下产生的集体共振，具有显著的局域增强效应。当电子振荡频率与入射光频率比较接近时就会发生共振，在共振状态下，电磁场的能量会转变为金属表面自由电子的集体振动能，这时就会形成一种特殊的电磁模式：电磁场被局限在金属表面很小的范围内并发生增强。表面等离子激元存在两种形式：一种是在连续金属膜表面传播的传导型表面等离子激元（surface plasmon polaritons，SPPs），另一种是局域于纳米金属颗粒或粗糙金属结构表面的局域表面等离子激元（localized surface plasmons，LSPs），如图 1.12 所示。

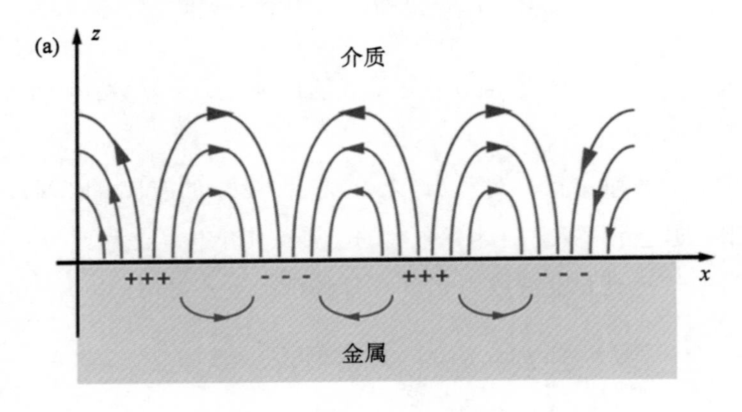

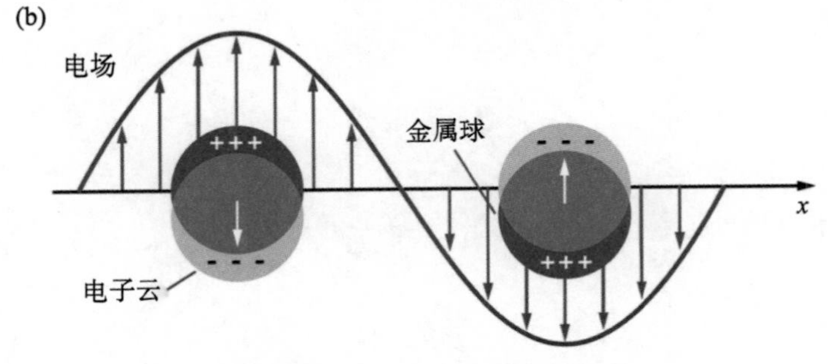

图 1.12　表面等离子激元存在两种形式

（a）SPPs 在金属 / 介质表面传播示意图；（b）金属纳米颗粒 LSP 共振示意图

当一束光入射到一个平坦的金属表面并满足一定的条件时，在入射电磁场与金属表面的自由电子之间耦合振荡，产生共振，并在其界面具有传播特性的电磁波，即为表面等离极化激元（surface plasmon polaritons，SPPs）[123–125]。SPPs 最简单的传播模型如图 1.12（a）所示，xy 平面表示金属 / 介质界面，SPPs 则沿着 x 轴方向传播，$z>0$ 的空间为介质，其介电常数为 ε_d；$z<0$ 的空间为金属，其介电常数为 ε_m。SPPs 的两个主要特征分别是在传播方向上的波矢比光波大和在与传播方向垂直的方向上是消逝场，电磁场就可以被局域在亚波长范围内。根据 Maxwell 方程组并结合其边界条件，解得 SPPs 的场分布及色散特性。

对于 TE 模式，其电磁场可表示为

$$\boldsymbol{E}=\boldsymbol{E}_0^{\pm}\exp\left[+\mathrm{i}\left(k_x x\pm k_z z-wt\right)\right] \tag{1–2}$$

其中，“+”“–” 分别为 $z\geqslant 0$ 和 $z<0$ 的区域；k_z 为复数，则电磁场 $\boldsymbol{E}_x$ 呈指数形式衰减。

波失 k_x 与 x 轴平行，$k_x=2\pi/\lambda_p$，λ_p 是 SPPs 的波长，由 Maxwell 方程可导出延迟色散关系。在半无限大的金属（其介电常数为 $\varepsilon_m=\varepsilon_m'+\mathrm{i}\varepsilon_m''$）与介质或空气（其介电常数为 ε_d）相邻的情况下，可得：

$$D_0=k_m/\varepsilon_m+k_{zd}/\varepsilon_d \tag{1–3}$$

结合

$$\varepsilon_i\left(\omega/c\right)^2=k_x^2+k_{zi}^2,\quad i=\mathrm{m,d} \tag{1–4}$$

可知 k_z 在边界处连续。那么，式（1–3）可写为

$$k_x=\frac{\omega}{c}\left(\frac{\varepsilon_m\varepsilon_d}{\varepsilon_m+\varepsilon_d}\right)^{\frac{1}{2}} \tag{1–5}$$

式（1–5）表示表面等离激元的色散关系。其中，ω 和 ε_d 为实数，且 $\varepsilon_m'' < |\varepsilon_m'|$，得到表达式 $k_{SPPs} = k_{SPPs}' + ik_{SPPs}''$，其中有

$$k_{SPPs}' = \frac{\omega}{c}\left(\frac{\varepsilon_m'\varepsilon_d}{\varepsilon_m' + \varepsilon_d}\right)^{\frac{1}{2}} \tag{1-6}$$

$$k_{SPPs}'' = \frac{\omega}{c}\left(\frac{\varepsilon_m'\varepsilon_d}{\varepsilon_m' + \varepsilon_d}\right)^{\frac{3}{2}} \frac{\varepsilon_m''}{2\left(\varepsilon_m'\right)^2} \tag{1-7}$$

为了得到一个实的 k_{SPPs}'，就需要 $\varepsilon_m' < 0$ 且 $|\varepsilon_m'| > \varepsilon_d$，在本征频率附近，金属和掺杂的半导体就满足这一点。内部吸收则由 k_{SPPs}'' 决定，那么 k_{SPPs} 可代替 k_{SPPs}'。通过式（1–6）可以获得 SPPs 的色散关系，如图 1.13 所示。图中虚线为真空中的光波色散曲线，实线为 SPPs 的色散曲线。

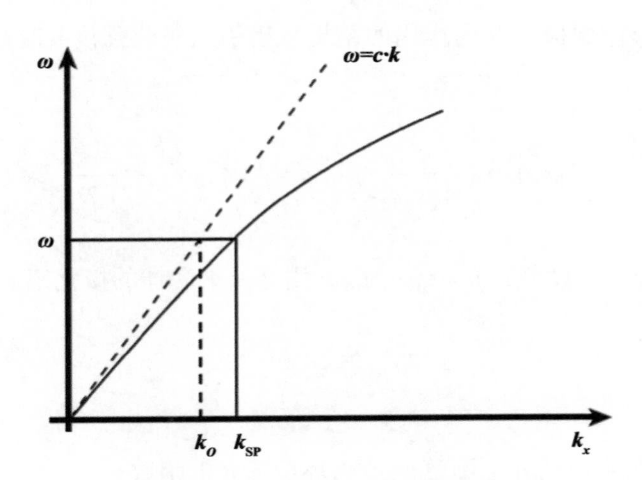

图 1.13 金属 / 介质界面典型的 SPPs 色散曲线

相比于在金属 / 介质表面传播的 SPPs，LSPs 则不能在表面传播，而是以驻波形式振荡，高度局域在金属纳米颗粒（或金属岛）表面，即局域表面等离子体共振（localized surface plasmon resonance，LSPR）[126–128]，

如图 1.12（b）所示。当光照射到贵金属纳米颗粒的表面时，若入射光子频率接近金属纳米颗粒（或金属岛）的电子总体振动频率，纳米颗粒或金属岛就会吸收光子能量，表面电子与光子相互作用，从而形成 LSPR。利用金属纳米颗粒周围存在极大的局域场增强的特点，可以用来增强荧光、激光和拉曼信号。

金属纳米颗粒的尺寸比入射光的波长小得多，因此计算金属纳米颗粒的内部及周围场强分布主要采用的是准静电理论。例如，将一个各向同性且直径为 a 的金属纳米球放在一个均匀电场中（场强 $E=E_0$），其电场沿 z 轴方向，通过拉普拉斯方程 $\nabla^2\Phi=0$ 求解，结合边界条件，金属球的内外电势分布可以通过计算得出：

$$\Phi_{\mathrm{in}}=-\frac{3\varepsilon_{\mathrm{d}}}{\varepsilon_{\mathrm{m}}+2\varepsilon_{\mathrm{d}}}E_0 r\cos\theta,\quad \Phi_{\mathrm{out}}=-E_0 r\cos\theta+\frac{\varepsilon_{\mathrm{m}}-\varepsilon_{\mathrm{d}}}{\varepsilon_{\mathrm{m}}+2\varepsilon_{\mathrm{d}}}E_0 a^3\frac{\cos\theta}{r^2} \tag{1-8}$$

其中，r 为金属球心到目标点的距离；θ 为 r 与 z 轴的夹角；Φ_{out} 为外部场强与金属球偶极子共同作用的结果。当引入极化强度 p 时，外部电势则为

$$\Phi_{\mathrm{out}}=-E_0 r\cos\theta+\frac{p\cdot r}{4\pi\varepsilon_0\varepsilon_{\mathrm{d}}r^3},\quad p=4\pi\varepsilon_0\varepsilon_{\mathrm{d}}a^3\frac{\varepsilon_{\mathrm{m}}-\varepsilon_{\mathrm{d}}}{\varepsilon_{\mathrm{m}}+2\varepsilon_{\mathrm{d}}}E_0 \tag{1-9}$$

根据极化强度公式 $p=\varepsilon_0\varepsilon_{\mathrm{d}}\chi E_0$，则金属纳米球的极化率 χ 表示为

$$\chi=4\pi a^3\frac{\varepsilon_{\mathrm{m}}-\varepsilon_{\mathrm{d}}}{\varepsilon_{\mathrm{m}}+2\varepsilon_{\mathrm{d}}} \tag{1-10}$$

其中，ε_{m} 为金属的介电函数；ε_{d} 为环境的介电函数。

由公式（1-10）可知，当 $|\varepsilon_{\mathrm{m}}+2\varepsilon_{\mathrm{d}}|$ 取最小值时，极化率 χ 最大。根据 Drude 模型，当介电函数的虚部很小时，共振条件可简化为

$$\mathrm{Re}\left[\varepsilon_{\mathrm{m}}(\omega)\right]=-2\varepsilon_{\mathrm{d}} \tag{1-11}$$

又由电势与场强之间的关系式 $E=-\nabla\Phi$，可推出金属球周围的场强分布为

$$E_{\text{in}}=\frac{3\varepsilon_{\text{d}}}{\varepsilon_{\text{m}}+2\varepsilon_{\text{d}}}E_0\,,\quad E_{\text{out}}=E_0+\frac{3n(n\cdot p)-p}{4\pi\varepsilon_0\varepsilon_{\text{d}}}\cdot\frac{1}{r^3}\tag{1-12}$$

由此可知，金属球周围的场强在满足共振条件时会得到最大化增强。以上是在准静电理论下推导的球形金属纳米颗粒的 LSPR 条件，但由于金属纳米颗粒不是绝对的球形，需要按照实际情况进行修正。因此，其共振频率既与金属种类及其周围介质相关，也与纳米颗粒的形貌、尺寸和分布等有关[129]。

LSPR 共振峰随着金属纳米颗粒的不同而发生移动。实验表明，贵金属 Au 和 Ag 的 LSPR 增强现象研究最广，这是因为 Au 纳米颗粒和 Ag 纳米颗粒的共振吸收峰分别在 530 nm 和 410 nm 左右处（可见光区域）；改变 Au–Ag 合金的比例，金属纳米颗粒的 LSPR 峰则会发生变化，尤其是其位置和宽度，并可在一定范围内调节[130–132]。而 Al 纳米颗粒的共振吸收峰在 380 nm 左右[24, 133]，Pt 纳米颗粒的共振吸收在 210 ～ 300 nm 左右[12, 134]。不同形貌、不同尺寸的金属纳米颗粒（对于同一种金属而言）对 LSPR 共振峰位置的影响也不容忽视。例如，棒状的金属纳米颗粒具有短波长的横向共振和长波长的纵向共振两个局域表面等离激元的共振模式，随着长径比的变化，其共振峰的位置也跟着变化[135]。三角形和立方体的金属纳米结构有多个 LSPR 共振模式，这是因为这种结构具有多极对称性[136]。研究表明，随着金属纳米颗粒尺寸变大和金属周围介质介电常数增加，其 LSPR 共振峰位逐渐红移[137–138]。简言之，通过调控金属纳米颗粒的形貌、尺寸及分布等因素，可获得对应的 LSPR 模式，从而达到实际应用需求。

SPPs 和 LSPs 这两种振动模式既相区别，又有一定关联。二者色散关系不一样，SPPs 是一种在金属表面几十纳米范围内的能量传播局域场，而 LSPs 是一种基于金属颗粒表面的局域电磁场振荡。对于激发条

件而言，LSPs 激发要求相对低一点，偏振态和频率合适的激发光就能作激发源，与波矢无关；SPPs 激发更严格，其频率和波矢两者都要匹配。当 LSPs 和 SPPs 频率接近时（粗糙表面），不仅 SPPs 能够激发 LSPs，LSPs 振荡也能激励 SPPs，甚至在两者之间进行能量转换。由于 LSPs 不要求波矢匹配，因此通过 LSPs 激发 SPPs 效率会更高。

近年来，利用表面等离极化激元 SPPs 和局域化表面等离子体共振 LSPs，人们开辟了许多新的研究方向，如纳米光波导，透射增强器件以及紫外激光器、传感器等，在物理、生物、化学及医药领域中实现了革命性突破。

1.5.2 石墨烯表面等离激元

20 世纪 80 年代，碳纳米材料开始登上科研舞台。1985 年，富勒烯（C_{60}）由 60 个 C 原子构成所谓的“足球”分子并成为碳家族的一类新成员 [139]；1991 年，碳纳米管——由石墨层片卷曲形成的一维管状纳米结构被日本科学家首先发现，如今已经发展成为一维纳米材料的典型代表 [140]；2004 年，石墨烯以其奇特的物理、化学及光学性质吸引了研究者们的广泛关注和不断研究 [141]。

石墨烯（graphene）是一种以 sp^2 杂化、由 C 原子组成的六边蜂巢状晶格结构的准二维平面薄膜材料，能够形成零维的富勒烯，卷曲形成一维的碳纳米管，还可以堆垛形成三维的石墨体材料。石墨烯在很多方面具有很多优良性质，如电学、光学、热学、力学和磁学等方面。其中，石墨烯的电学性质研究得最多。石墨烯是一种零带隙半金属材料，其价带与导带在布里渊区相交于一点，称为 K 点或 K' 点 [142-144]，而在 K（K'）点附近的电子不再遵循传统的薛定谔（Schrödinger）方程，只能由类狄拉克方程来描述 [145-146]，则 K（K'）点称为狄拉克（Dirac）点，如图 1.14 所示。电子在 K 点附近的净有效质量为零，其运动速度高达 10^6 m/s，是光速的 1/300，具有明显的相对论特性 [147]。在室温下，研究人员能够观测到石墨烯的霍尔效应和奇异量子霍尔效应，是与其无质量 Dirac 费米子属性和独特的载流子特性分不开的[148]。另外，石墨烯电子的运输不容易散射，具有高达 2×10^5 cm²/（V·s）的电子迁移率，约是 Si 电子迁移率的 140 倍，约 10^6 S/m 的电导率，比 Ag 或 Cu 要低，是室温下优良的导电材料[149]。

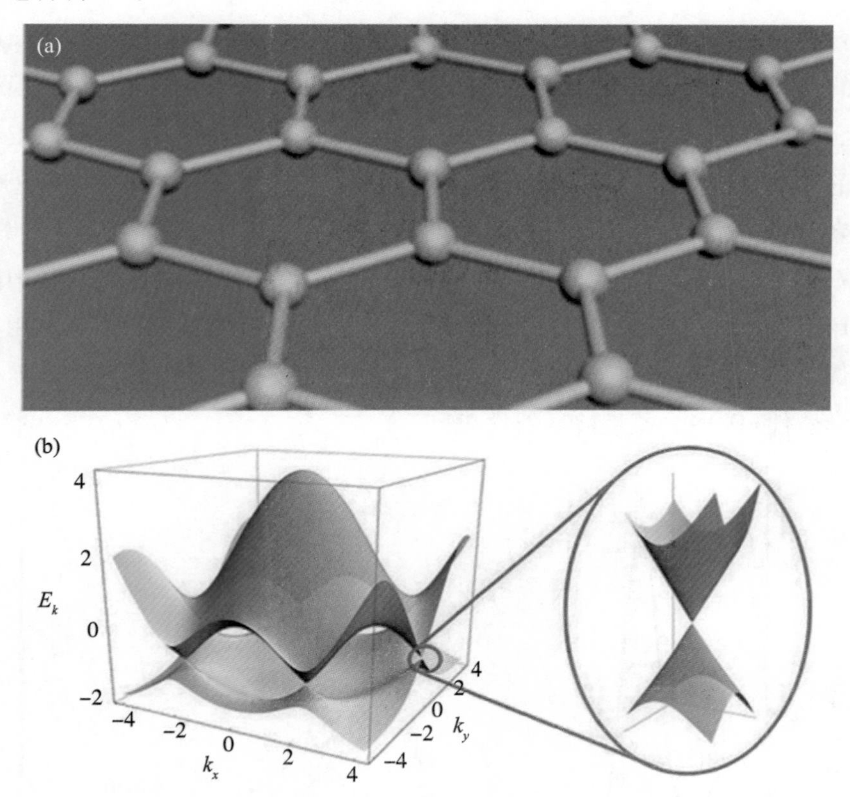

图 1.14 石墨烯及其零带隙 Dirac 点锥形能带结构示意图

（a）石墨烯的分子示意图；（b）零带隙 Dirac 点锥形能带结构示意图[142]

众所周知，在石墨烯中，存在两种外层电子，即 σ 和 π 电子，它们都可以被激发表面等离激元[142, 150]。对于低能量的表面等离激元（也称为 2D 等离子体，其能量小于 3 eV），主要是由内部跃迁引起的；然而，在更高的能量上还有另外两种等离子体，其中一种被命名为 π 等离子体，另一种被命名为 π + σ 等离子体。对于本征石墨烯，只存在 π 和 π + σ 等离子体，而 2D 等离子体则存在于掺杂的石墨烯中[151-152]。因此，在单层石墨烯中，4.7 eV 的 π 等离子体和 14.6 eV 的 π + σ 表面等离子体模式可以实现表面等离激元模式与紫外波段的 WGM 微腔模式之间的近场耦合作用，如图 1.15 所示[153]。石墨烯的表面等离激元可以与光子、电子或声子耦合在一起，其能量以电子的集体振荡形式存储于单层石墨烯和以倏逝波的形式穿透到 ZnO 等半导体中[154]。基于二维电子的集体振荡，石墨烯表面等离激元的限域性比金属表面等离激元更强。此外，低损耗及中红外的有效局域性使石墨烯成为物理、化学、生物等应用中的一个理想候选者[155-157]。石墨烯载流子浓度的调控有掺杂和调节偏压等方式[158-162]，则石墨烯的表面等离激元具有良好的可调性。石墨烯在 THz 超材料中的应用也越来越多[159-160, 163-164]，即使是密闭器件也可调节。所以，利用石墨烯表面等离激元的优良特性如可调性、柔性及低损耗等开发出了变换光学器件[161, 165]、柔性波导器件[166-167]等。

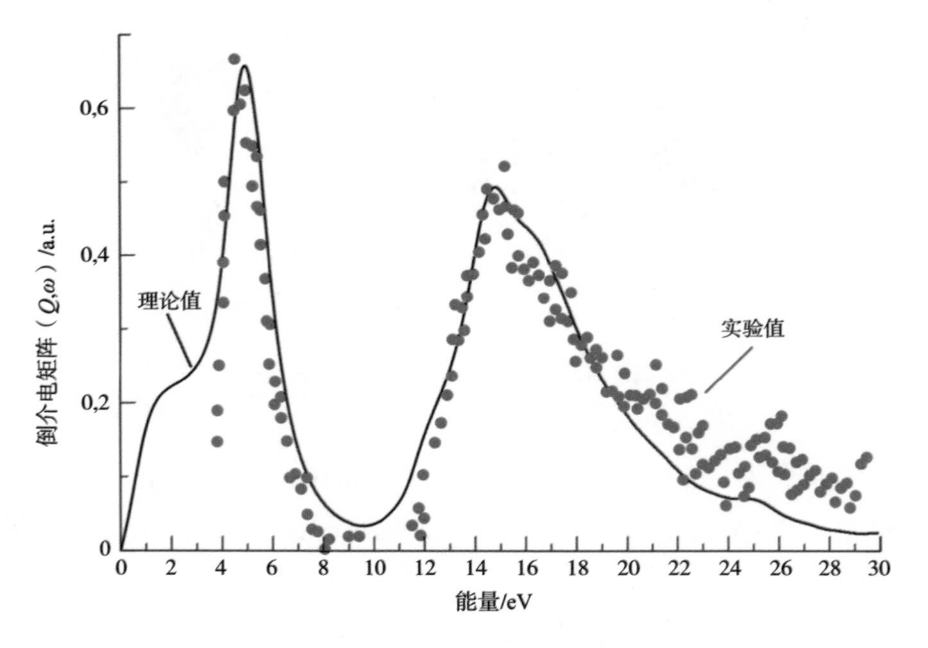

图 1.15　本征石墨烯电子激发谱理论值与实验值比较[151, 153]

1.6 表面等离激元应用

随着表面等离激元理论研究的不断发展与深入，其在光学、光电子学等学科中体现出非常重要的应用前景。利用表面等离激元（金属和石墨烯）的优势，如近场增强特性和高度空间局域性，可以突破衍射极限，为纳米尺度激光器件的实现提供直接而有力的支撑。此外，表面等离激元在紫外激光器、光电探测、生物检测及 SERS 等领域中引起了研究人员的广泛关注。为此，人们进行了大量的研究与探索，并获得了许多重要且有意义的研究进展。

研究发现，金属表面等离激元共振峰位与 ZnO 紫外发光峰峰位的相对关系决定了 ZnO 紫外发光是增强还是减弱，因此可以通过不同金属来实现对 ZnO 发光增强的控制。Lai 等人[168]报道了在石英衬底上用磁控溅射方法制备 ZnO 薄膜和 MgO 隔离层，再分别溅射 Au 和 Ag 薄膜，并对其厚度进行优化，这是首次利用金属表面等离激元实现 ZnO 的紫外发光增强。然而，即便是同一种金属，如果其尺寸与形貌不同，也会影响到金属表面等离激元共振的强度，进而影响半导体材料的发光。Cheng 等人[169]同样在石英衬底上沉积了 ZnO 薄膜，在 200 ℃时溅射了 Ag 岛薄膜，通过优化溅射时间，使 ZnO 获得了 3 倍的荧光增强。新加坡南洋理工大学的 Liu 等人[170]在蓝宝石上利用 MOCVD 法制备了 ZnO 薄膜，并在 ZnO 薄膜上溅射一层 Pt 纳米颗粒，然后自组装一层 PS 球，再溅射一层 Pt 纳米颗粒，最后去掉 PS 球，从而构建一个 Pt nano-patter-ZnO 的复合结构，如图 1.16 所示。作为对比试验，笔者还溅射了一个相同厚度的 Pt 金属薄膜的复合结构。研究发现，Pt nano-patter-ZnO 的复合结构和 Pt 薄膜的复合结构的紫外发光比 ZnO 分别增强了 12 倍和 2 倍。在室温下，笔者还进行了 TRPL 测试，时间寿命显示其衰减时间比 ZnO 要长，这个不同寻常的现象是由表面修饰和表面等离激元耦合导致的。

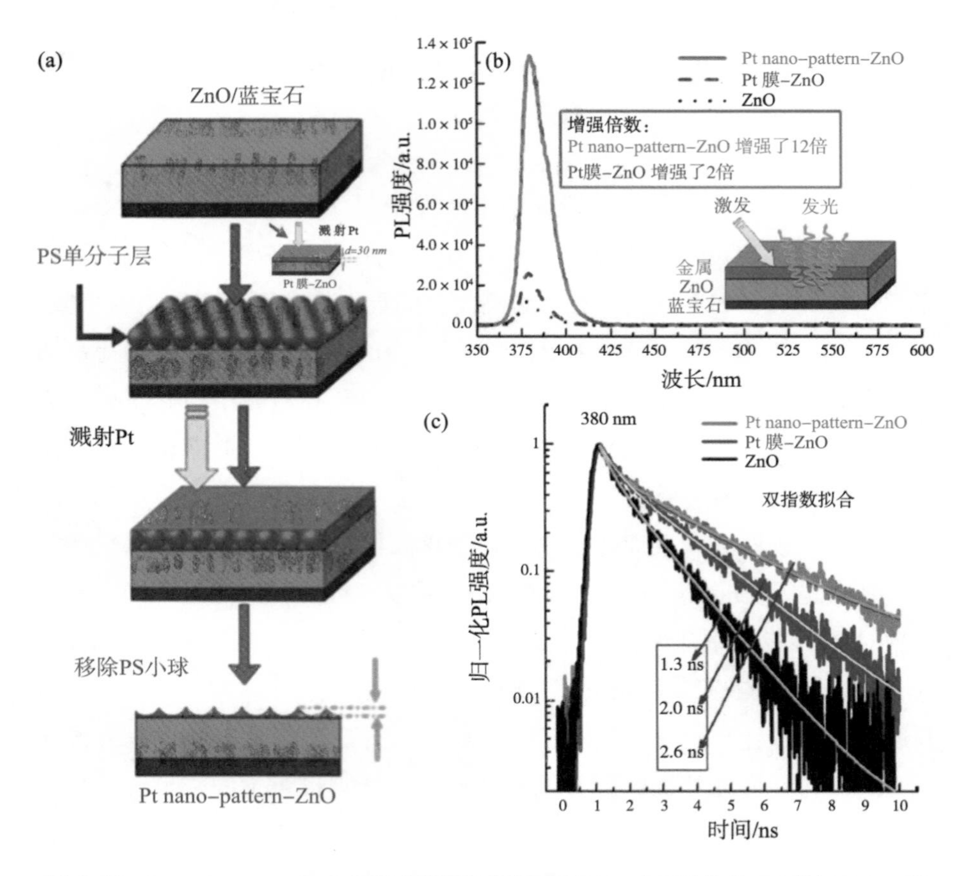

图 1.16　Pt nano-patter-ZnO 的复合结构及其修饰不同 Pt 金属结构的 PL 谱与 TRPL 谱

(a)构建 Pt nano-patter-ZnO 的复合结构示意图;(b)ZnO 修饰不同 Pt 金属结构的 PL 谱;(c)ZnO 修饰不同 Pt 金属结构的 TRPL 谱[170]

考虑到 ZnO 具有天然完美的六边形结构，且折射率很高，光在其内壁能进行全内反射，从而构建一个高品质的 WGM 微腔。本课题组利用金属表面等离激元效应，不仅使 ZnO 的紫外自发辐射得到了增强，受激辐射也得到了显著提高。Lu 等人[133]利用磁控溅射系统在 ZnO 微米棒上修饰了 Al 纳米颗粒，通过对比 Al 纳米颗粒修饰前后的 ZnO 微腔受激辐射强度发现，Al/ZnO 的激光强度明显增强了约 8 倍，且激射域值降低，激光品质提高，如图 1.17（a）和图 1.17（b）所示，同时提出了其增强机理归因于 Al 纳米颗粒表面等离激元在紫外区的响应与 ZnO 近带边发光之间发生高效耦合。Wang 等人[12, 171]根据 ZnO 微米梳中相邻两齿间距离渐变的特点构建了天然的耦合 WGM 微腔，通过调控相邻两齿之间的空气隙大小，系统研究了其激光光谱行为和两齿之间的耦合相互作用，基于游标效应实现了耦合微米齿的紫外激光从多模到单模的演化。然后在 ZnO 微米梳表面溅射了不同时间的 Pt 纳米颗粒，进一步研究了 ZnO 微米梳中单根棒的 WGM 多模激光和耦合棒的单模激光，发现 WGM 多模激光和单模激光得到了 7 倍的增强，同时缺陷得到明显抑制，如图 1.17（c）和图 1.17（d）所示。

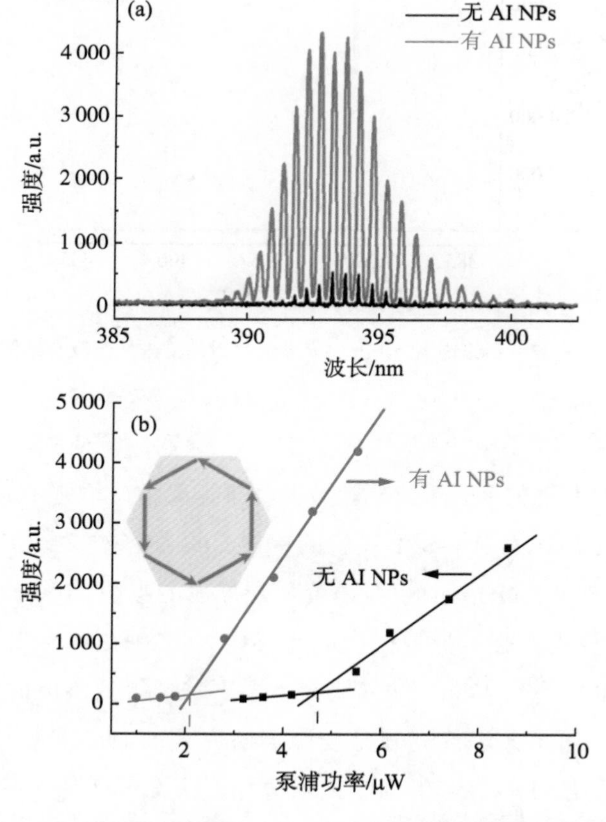

图 1.17　ZnO 微米棒分别修饰 Al 和 Pt 纳米颗粒前后的激光光谱及其阈值比较

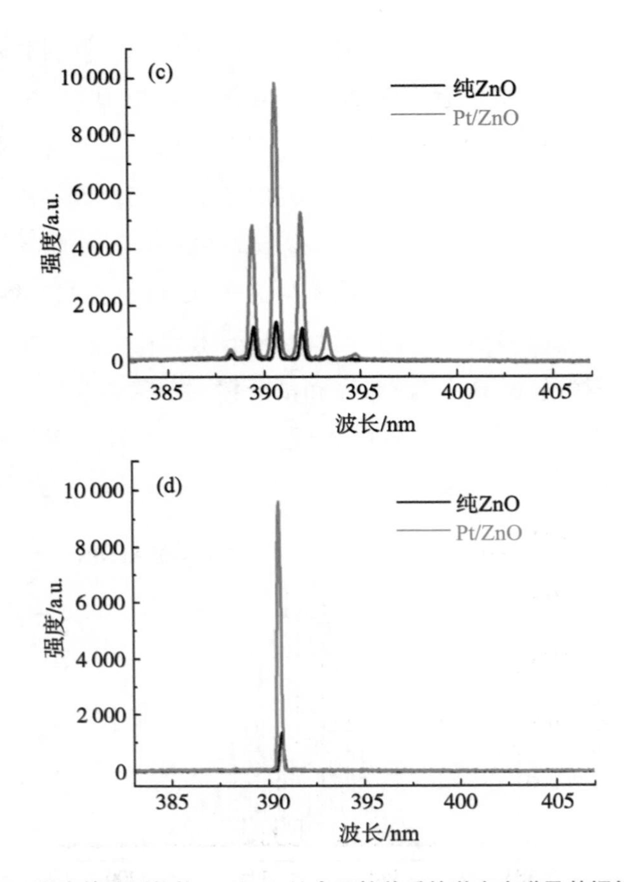

图 1.17　ZnO 微米棒分别修饰 Al 和 Pt 纳米颗粒前后的激光光谱及其阈值比较（续）

ZnO 微米棒修饰 Al 纳米颗粒前后的（a）激光光谱、（b）激射阈值比较 [133]；ZnO 微米梳修饰 Pt 纳米颗粒前后的（c）单根棒 WGM 多模激光（d）耦合棒的单模激光比较 [12, 171]

南洋理工大学的 Liu 等人 [172] 基于表面等离激元增强 Burstein–Moss 效应（B–M 效应）对 Au–SPP 耦合的单根 CdS 纳米线激光实现了 21 nm 的波长调节（504～483 nm），随着介质层厚度的减小（100 nm 到 5 nm），其 B–M 效应变得更强，导致激光的蓝移更大。2014 年，Zhang 等人 [173] 又利用 Al–SPP 耦合的 GaN 纳米线在室温下实现了低阈值的紫外波段等离子体激光。加州大学伯克利分校张翔研究组的 Ma 等人 [174] 利用全内反射并通过采用 SIM 结构在 CdS 纳米薄片上获得了室温下突破亚微米衍射极限的等离子体激射。Oulton 等人 [175] 报道了在石英衬底上用 CdS 纳米线激光器实现等离子体激光器，其结构示意图如图 1.18（a）所示，在 Ag–SPP 耦合的 CdS 纳米线中插入一层厚度为 5 nm 的 MgF_2 绝缘层后，实现了等离子体激射，从自发辐射到放大自发辐射再到等离子体激光的演变如图 1.18（b）所示。

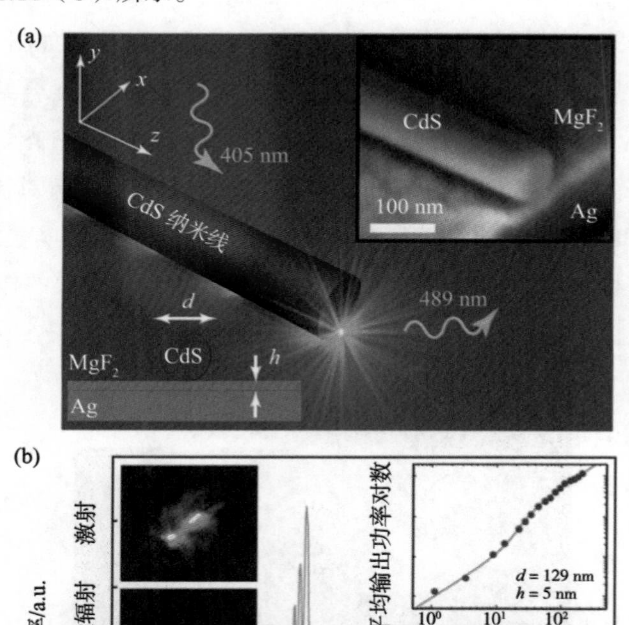

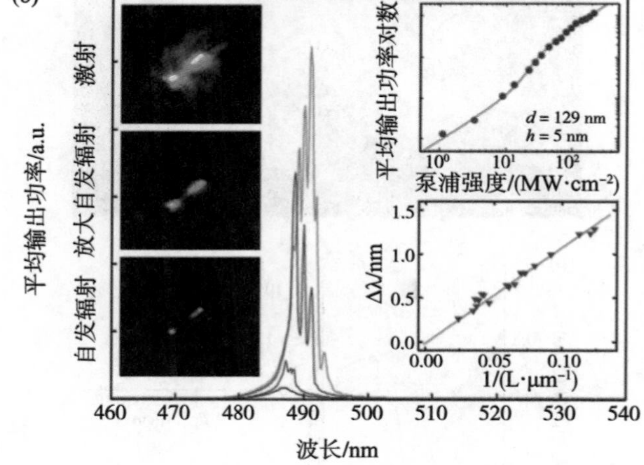

图 1.18　$Ag/MgF_2/CdS$ 纳米线的等离子体激射示意图及其等离子体激射谱

（a）$Ag/MgF_2/CdS$ 纳米线的等离子体激射示意图，插图是 $Ag/MgF_2/CdS$ 纳米线的 SEM；（b）$Ag/MgF_2/CdS$ 纳米线等离子体激射谱 [175]

此外，金属表面等离激元效应与 ZnO 微纳结构之间产生高效耦合，利用高度的空间局域特性，突破光学衍射极限，同样实现了纳米尺度光子器件。2014 年，英国伦敦帝国理工学院的 Themistoklis 等人[176]利用金属 Ag 薄膜与 ZnO 纳米线构建了 SPPs 耦合的复合体系，实现了亚波长尺度的紫外等离子体受激辐射，其结构如图 1.19(a) 插图所示。2017 年，Lu 等人[177]创造性地利用两步磁控溅射法制备了 Ag 和 SiO_2 薄膜（避免金属 Ag 与空气直接接触），并构建了 ZnO/Ag 复合结构，如图 1.19 所示。采用飞秒激光光源耦合的微区荧光分析测试系统对这种复合结构进行光学特性表征，成功获得了等离子体激射，并从激射域值、光学增益和激射峰位等多个方面与单根 ZnO 纳米棒腔等离子体激射进行对比分析，归纳总结了 SPPs 耦合的等离子体激射峰产生蓝移的原因。实验结果表明，SPPs 模在这种复合结构腔体的激射行为中扮演着至关重要的作用。

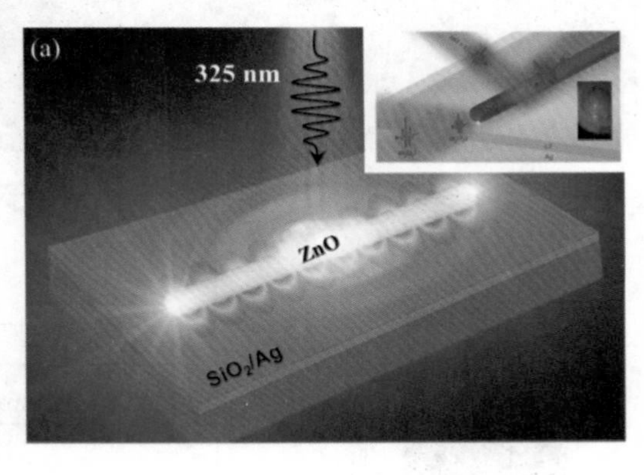

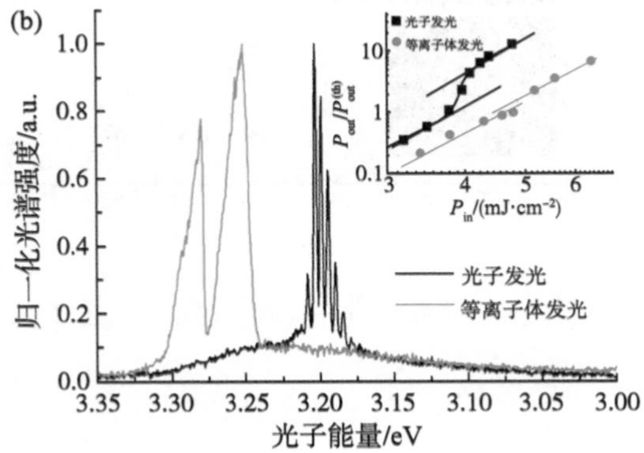

图 1.19 ZnO/Ag 复合结构及其受激辐射谱图

(a) ZnO/Ag 复合结构；(b) 受激辐射谱图[177]

不仅如此，利用金属表面等离激元效应与入射光之间耦合，同样可以将其引入光学传感器件中，对入射光产生强烈的吸收和散射，使其光电性能得到改善。Lin 等人[178]通过静电纺丝构建了 Ag-ZnO 纳米线的紫外光电探测器，其光灵敏度达到了 10^4 量级，同时其响应速度也更快更稳定。Tian 等人[179]在石英衬底上用磁控溅射方法制备了 Pt 纳米颗粒修饰的 ZnO 薄膜，从而构建了一个紫外光电探测器 Pt-ZnO 的复合结构。研究发现，当 Pt 纳米颗粒的溅射时间约 20 s 时，其光响应度竟有了 56% 的提升。Liu 等人[180]在蓝宝石衬底上利用 CVD 法制备了 ZnO 纳米线，研究了 Au 纳米颗粒对单根 ZnO 纳米线光电探性能的影响，其结构示意图如图 1.20 所示。经研究测试发现，用 Au 纳米颗粒修饰后，其暗电流明显降低了两个数量级，其明暗电流比也增加了三个数量级，高达 5×10^6。同时，笔者证明了 Au 纳米颗粒修饰的复合结构具有更快的光反应和响应速度。

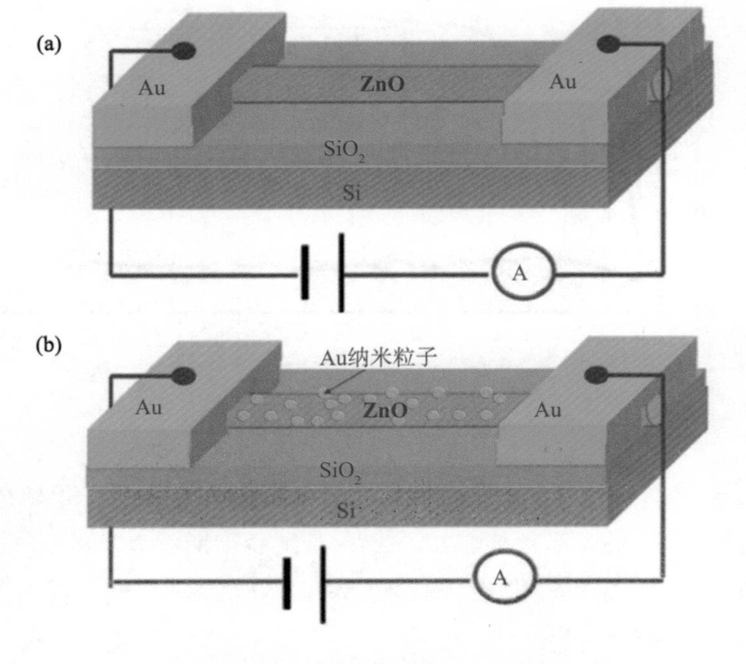

图 1.20　器件结构示意图和 I–V 特性曲线[180]

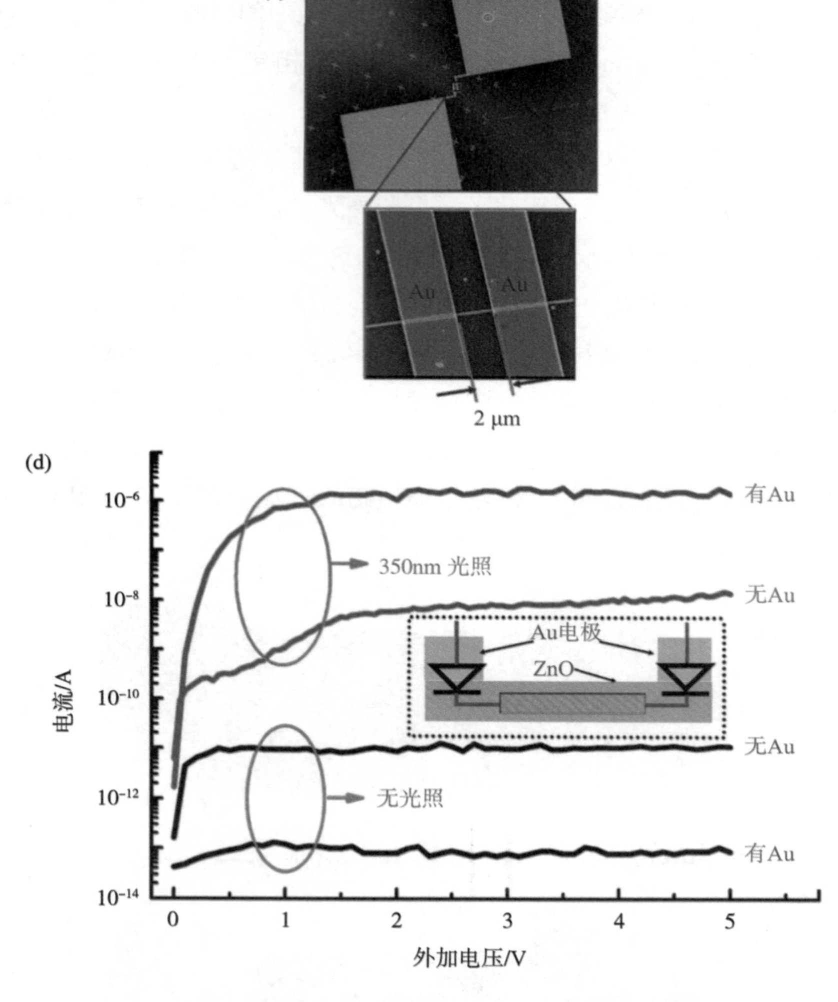

图 1.20　器件结构示意图和 I–V 特性曲线（续）[180]

除了金属，理论和实验都证明石墨烯也在紫外区域具有 SP 响应，可用于提高半导体的发光性能。2004 年，英国曼彻斯特大学的 Novoselov 和 Geim 等人 [141] 成功地利用碳材料分离出了石墨烯，自此，科学界就掀起了研究石墨烯材料的热潮。Liu 等人 [181] 报道了利用石墨烯表面等离激元耦合溅射 Au 纳米颗粒的 ZnO 微米线，构建了石墨烯 /Au/ZnO 的复合结构，其 PL 增强了 3 倍左右，Au NPs 使 ZnO 的表面粗化，使石墨烯表面等离激元更容易耦合 ZnO 增强发光。作为代表性研究，Hwang 等人[182]在 ZnO 薄膜上转移了一层利用机械剥离法制备的石墨烯，制备了石墨烯 /ZnO 薄膜的复合结构，当激发产生的石墨烯表面等离激元转变为传播的光子时，引起了 ZnO 的 PL 增强，并揭示了 SP 色散关系，证明了石墨烯等离激元的共振激发及其对 ZnO 光致发光的贡献，如图 1.21 所示。同时，实验证明，单层石墨烯表面等离激元增强 ZnO 紫外发光比双层石墨烯要有优势，且进一步说明温度对 PL 增强的影响，温度越低，其增强效果越好。

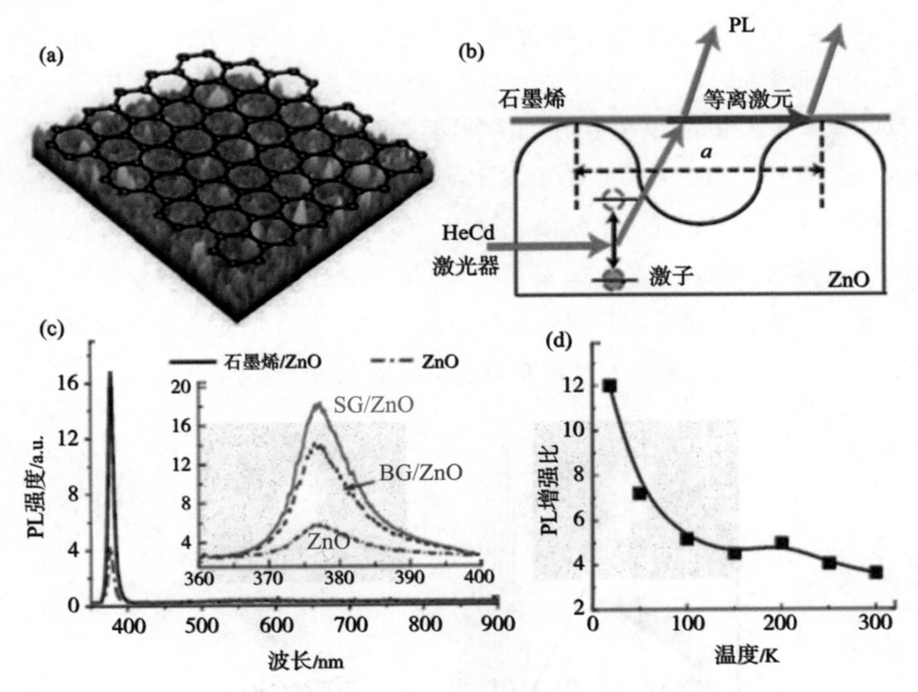

图 1.21 石墨烯 /ZnO 复合结构及其 PL 增强原理与 SP 色散关系

（a）石墨烯 /ZnO 复合结构示意图；（b）石墨烯 /ZnO 复合结构 PL 增强原理示意图；（c）石墨烯 /ZnO 复合结构 PL 光谱，插图为单层和双重石墨烯与 ZnO 的 PL 光谱；（d）PL 增强比与温度的关系[182]

一些研究表明，利用石墨烯表面等离激元不仅能增强 ZnO 的紫外荧光，还可以显著增强 ZnO 的紫外激光。Cheng 等人[183] 构建了 ZnO 纳米棒阵列和还原氧化石墨烯纳米片的复合结构，并实现了随机激光，其激光强度不仅得到了显著提升，激射阈值也明显降低。最近，本课题组的 Li 等人[62] 在 CVD 方法制备的 ZnO 微米棒 WGM 微腔中实现了紫外激光，并利用石墨烯表面等离激元显著的限域效应和高度的场增强效应提升了 ZnO 激光的品质，如图 1.22 所示。实验中，笔者将 CVD 生长的单层 Cu 基石墨烯经过腐蚀 Cu 并去掉 PMMA 保护层后转移到 ZnO 微米棒上，从实验和理论上研究和探索了石墨烯表面等离激元对 ZnO 微米棒的耦合作用，包括激光增强和光场限域，并通过时间分辨光谱技术进一步探究了石墨烯与 ZnO 之间的激子耦合动力学过程，为研究石墨烯表面等离激元在紫外区域的响应提供了直接而有力的支撑。另一方面，笔者通过对 ZnO 微米棒尺寸的控制，调控了激射模式的输出，随着 ZnO 腔体尺寸的减小，激射模式从多模到单模发生演变，并在一个尺寸约为 600 nm 的 ZnO 亚微米棒中实现了单模激光输出。然后通过转移单层石墨烯覆盖在 ZnO 亚微米棒表面，构建石墨烯 /ZnO 的复合体系，利用石墨烯表面等离激元的显著空间局域效应和高度场增强效应，将光场能量限域在 ZnO 亚微米棒 WGM 微腔中，从而获得了单模激光的增强[150]。

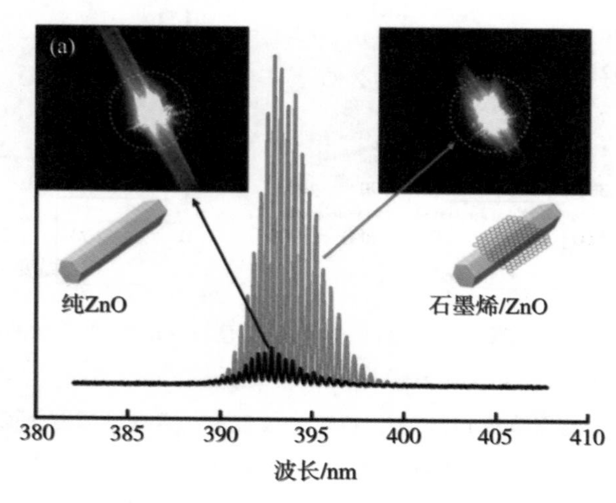

图 1.22　石墨烯表面等离激元显著的限域效应和高度的场增强效应

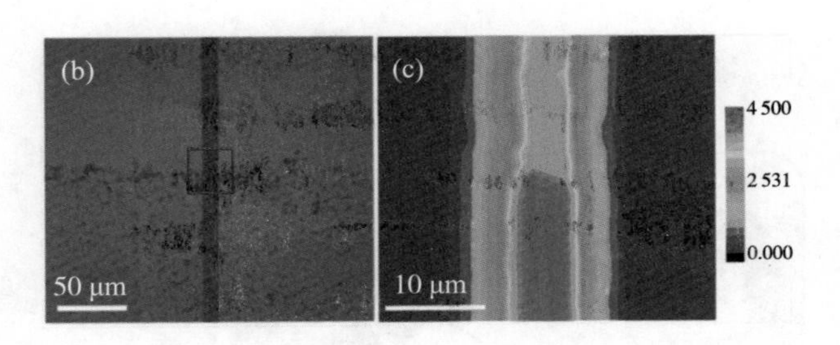

图 1.22 石墨烯表面等离激元显著的限域效应和高度的场增强效应（续）

（a）在 325 nm 飞秒激光相同激发功率下，覆盖石墨烯前后的 ZnO 激光光谱，插图为相应的光学图像；（b）ZnO 微米棒部分覆盖石墨烯的光学图像；（c）从（b）中标记的红色矩形区域提取的 PL mapping 图[62]

此外，表面等离激元共振（金属和石墨烯）所引起的近场增强在拉曼检测、细胞成像及生物传感等领域的应用也具有明显的优越性。中科院固体物理研究所的 Tang 等人[184]报道了在 Si 片上热沉积 ZnO 纳米棒阵列，并在其表面自组装 Ag 纳米颗粒，从而构建了超高灵敏度的 3D SERS 基底。笔者对 R6G 荧光分子和有机污染物分子 PCB 77 进行了拉曼检测，其检测极限分别为 10^{-12} mol/L 和 10^{-11} mol/L。笔者认为，Ag 纳米颗粒之间表现出的热点效应是其超高 SERS 灵敏度主要而直接的原因。Leem 等人[64]利用 CVD 法生长 Cu 基石墨烯并在其上沉积一层 Au 薄膜，热处理后转移到 PS 基底上，再次经过热处理而形成 3D 褶皱复合 SERS 结构，如图 1.23（a）所示。为了比较 3D SERS 结构的优势，笔者分别对 3D 褶皱复合 SERS 结构和平面结构进行了 4-MPH 分子拉曼检测对比，如图 1.23（b）所示。笔者发现 3D 褶皱复合 SERS 结构比平面结构具有更强的拉曼峰，其检测极限也更灵敏，利用 COMSOL 软件对其增强机理进行了电磁场仿真，如图 1.23（c）所示。结果表明，在 3D 褶皱复合 SERS 结构中，Ag 纳米颗粒之间的距离缩小，其电磁场强度增强，从而由电场强度引起的热点效应也得到了增强，所以 3D 褶皱复合 SERS 结的拉曼信号增强，同时具有超高灵敏度。

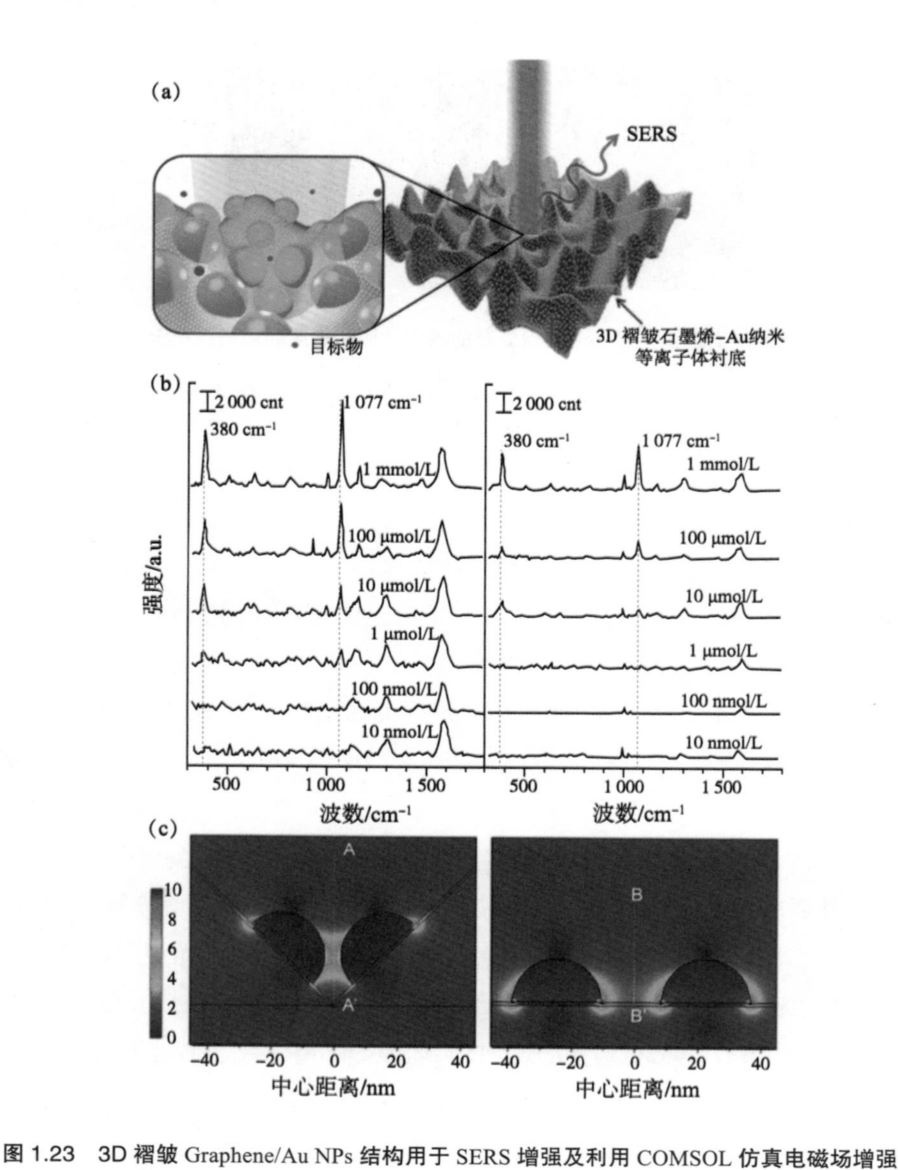

图 1.23　3D 褶皱 Graphene/Au NPs 结构用于 SERS 增强及利用 COMSOL 仿真电磁场增强

（a）3D 褶皱石墨烯 /Au NPs 复合结构用于 SERS 增强的示意图；（b）3D 褶皱石墨烯 /Au NPs 复合结构（左）和平面石墨烯 /Au NPs 复合结构（右）的 SERS 测量；（c）利用 COMSOL 仿真 3D 褶皱石墨烯 /Au NPs 复合结构（左）和平面石墨烯 /Au NPs 复合结构（右）的电磁场增强[64]

Liu 等人[73]通过水热法合成 ZnO 微球，然后采用原位生长法（光化学沉积法）将银纳米颗粒（Ag NPs）与 ZnO 微球复合，形成了一种多孔的可循环使用，稳定性和均匀性好的 ZnO/Ag 微球结构 SERS 基底，对 R6G 探针分子的检测限可低至 10^{-12} mol/L，并可实现待检测物质的定量和定性检测，如图 1.24 所示。此外，对苯酚红、葡萄糖和多巴胺分子也分别进行了拉曼检测。

总之，表面等离激元（金属、石墨烯等）与半导体材料（ZnO、GaN 和 CdS 等）之间的耦合是一种提高发光性能的有效途径[166-168]。理论与实践证明，表面等离激元不仅可以提高 ZnO 的紫外发光，也可以使 ZnO 的受激辐射得到明显增强。目前，本书希望利用表面等离激元来增强 ZnO 的紫外发光，提升 ZnO 的激光性能，并增强拉曼检测灵敏度，这是本书的研究重点。

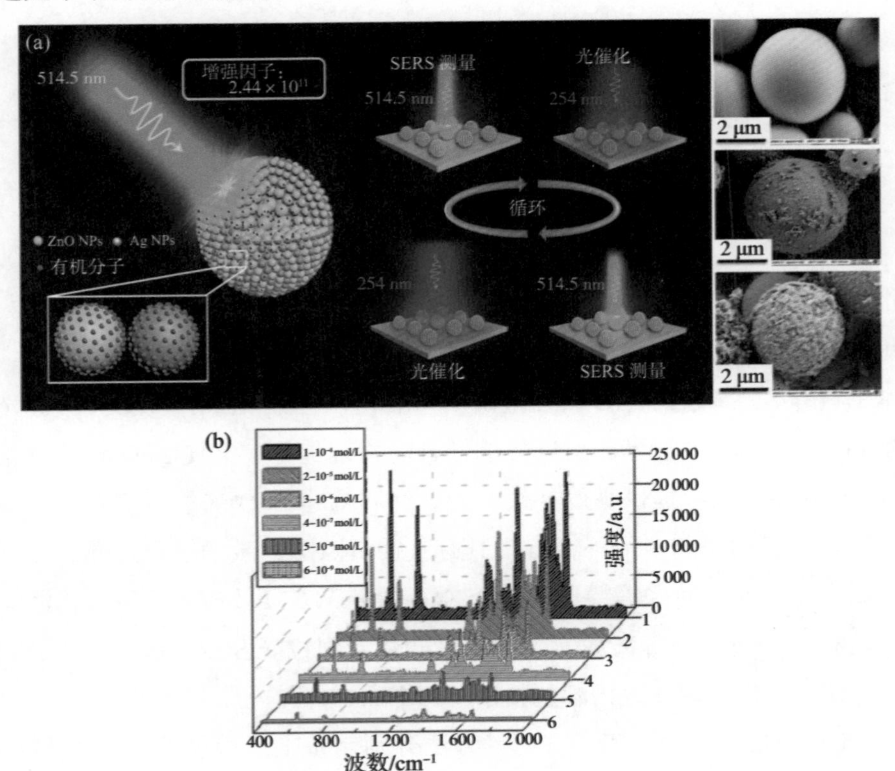

图 1.24　多功能多孔氧化锌 / 纳米银（ZnO/Ag）微球 SERS 基底

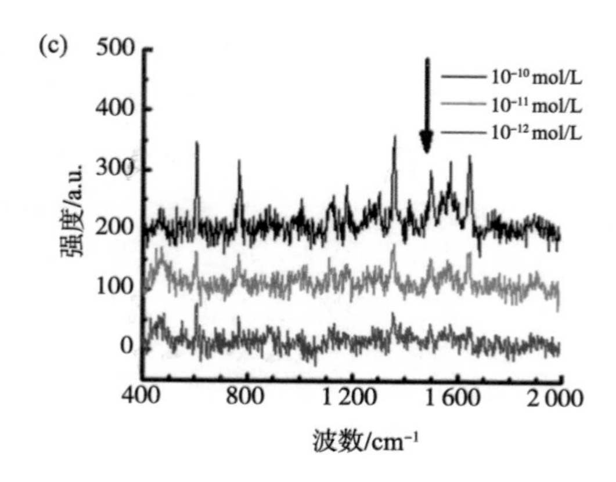

图 1.24　多功能多孔氧化锌 / 纳米银（ZnO/Ag）微球 SERS 基底（续）

（a）多功能（SERS 基底、光催化剂、抑菌剂）多孔氧化锌 / 纳米银（ZnO/Ag）微球示意图及其 SEM 图；（b）～（c）不同浓度的 R6G 拉曼光谱[73]

1.7　选题依据与研究内容

综上所述，表面等离激元（SP）耦合的氧化锌（ZnO）微腔是突破衍射极限、实现纳米激光器的理想途径，但现有研究对激光模式调控、短波响应和耦合机理等若干重要问题均缺乏深刻认识和有效解决方案。本书设计 SP 耦合的 ZnO 回音壁模（WGM）微腔，既利用 WGM 微腔光场和 SP 波都集中于界面附近形成耦合的物理优势，又使 ZnO 紫外增益为 SP 的短波响应提供高效补偿，为设计和构建 ZnO 基的新型光电子器件提供了新的思路。另外，ZnO 具有直接带隙宽、激子结合能强、等电点高和生物兼容性好等特点，结合 ZnO 微腔 WGM 效应和石墨烯辅助电子转移及金属表面等离激元效应，可构建新型拉曼 SERS 基底。基于以上想法，本书主要研究内容包括以下几方面：

（1）利用 CVD、离子溅射等方法分别制备了形貌可控的 ZnO 微纳结构、石墨烯和金属纳米颗粒（metal NPs），分析并优化原料配方、气氛、溅射温度、时间及电流等工艺条件。利用SEM、EDS、XRD和TEM等形貌与结构表征手段，揭示了ZnO微纳材料、石墨烯和金属纳米颗粒的结构特征和生长机理。利用微区光谱、吸收光谱和拉曼光谱等技术系统表征了ZnO微纳结构、石墨烯和金属纳米粒子的光学特性。

（2）利用室温PL光谱测量技术，结合时间分辨光谱与变温光谱技术，在ZnO微米碟与金纳米粒子（ZnO/Au-NPs）复合体系中，不仅观察到了ZnO自发辐射增强，还提出了Au表面等离激元辅助的电子转移机制，有效提高了ZnO本征发光强度，并抑制了缺陷发光。同时，系统分析了ZnO激子、光子和声子等之间的相互作用，发现修饰Au纳米颗粒前后ZnO自发辐射的蓝移现象可以归因于Au表面等离激元的引入产生了B-M效应，造成电子跃迁带隙展宽，从而导致谱线蓝移。

（3）将金属Al和石墨烯同时引入ZnO微腔中，构建了石墨烯/Al-NPs/ZnO（GAZ）的复合WGM微腔，利用飞秒激光和微区光谱技术系统研究了其自发辐射和受激辐射增强的过程。当ZnO微米棒修饰Al纳米颗粒后，其激光强度增强了10倍；当石墨烯转移到Al/ZnO微腔上时，其激光强度进一步增加了5倍以上。因此，由于在石墨烯/Al纳米颗粒表面等离激元的协同耦合作用，在GAZ复合WGM微腔中观察到了50多倍的激光增强。此外，GAZ复合WGM微腔的激射阈值比纯ZnO降低了一半。金属Al不仅可以使ZnO表面粗糙化，并使石墨烯表面等离激元与ZnO激子形成高效耦合，同时具有紫外短波区域的等离子体响应，可以与ZnO本征发光形成有效的共振耦合，增强ZnO发光。

（4）结合ZnO微腔回音壁模效应和石墨烯/金属Ag纳米颗粒构建了ZnO/石墨烯/Ag复合WGM超灵敏SERS基底。这个新型复合SERS基底对生物探针分子实现了超高的灵敏度检测，其增强因子达到了0.95×10^{12}，且具有超低检测极限，低至10^{-15} mol/L。其显著增强的拉曼信号不仅与ZnO几何微腔结构的WGM光场限域效应有关，也离不开石墨烯辅助的电子转移和Ag表面等离激元的耦合作用。

第 2 章 ZnO 微纳结构和 Plasmon 材料制备与表征测试

本章主要采用绪论中介绍的 CVD 法来制备 ZnO 微纳结构，其反应过程如下。首先，将 ZnO 和 C（均为粉末）以 1 ： 1 的比例进行热蒸发、气相反应及化学还原等产生气体组元，并通过调控反应温度、时间、压强和气氛的浓度等条件，从而实现对 ZnO 微纳结构的形貌控制。其次，利用场发射扫描电子显微镜（FESEM）、能量色散谱（EDS）及 X 射线衍射仪（XRD）对样品进行表征，进一步利用自搭建的微区荧光测试系统、条纹相机系统、显微拉曼光谱仪及低温恒温系统等测试仪器对样品的自发辐射、受激辐射、瞬态光谱和拉曼散射进行相关测试，并给出具有代表性的测试结果。

2.1　ZnO 微纳结构与 Plasmon 材料制备

本节开展的研究工作包括 ZnO 微纳结构的制备、金属纳米颗粒的制备和石墨烯的制备，其中涉及的实验设备有双温区高温真空管式炉、小型离子溅射仪及磁控溅射系统等仪器。

2.1.1　ZnO 微纳结构制备

如绪论所述，水热法和气相传输法是制备 ZnO 微纳结构的两种主要方法。本书主要采用气相传输法制备 ZnO，其样品制备平台使用的是双温区高温真空管式炉（CVD（G）–06/50/2），由合肥日新高温技术有限公司生产，并带有真空系统和流量控制系统，如图 2.1 所示。以 ZnO 粉末和碳粉作为原材料，在高温条件下进行氧化还原反应，将 ZnO 还原成 Zn 原子的蒸气之后，在温度较低的衬底上成核然后生长形成 ZnO 微纳结构，其结晶性能较好，产物纯度较高。通过对原料配比、反应温度、反应时间、腔体气压及气氛浓度等实验条件的控制，能够获得不同尺寸、不同形貌的 ZnO 样品。真空管式炉的最高加热温度约为 1 300 ℃，其升温速率约为 8 ℃ /min，真空度约为 8 Pa。

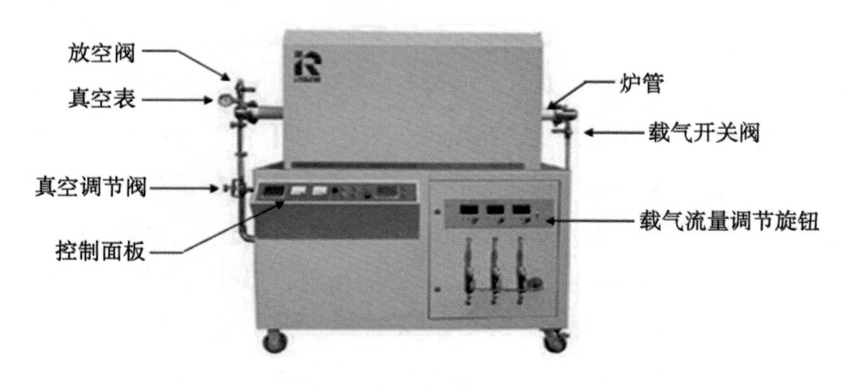

图 2.1　真空管式炉示意图

以制备 ZnO 微米棒为例，其具体流程如下：①清洗，按照制备微米碟的方式切片、超声清洗，并用烘箱烘干，准备衬底待用；②配反应源材料，取 3 g 99.99 % 的 ZnO 粉末和 3 g 99.99 % 的碳粉（质量比 1 ∶ 1）充分混合，并均匀研磨待用；③称量与倒扣，取 0.8 g 充分研磨的混合粉末放入一个长宽深比为 5 cm ∶ 3.5 cm ∶ 1.5 cm 的石英舟中，并将干净 Si 片倒扣在石英舟上，保持其抛光面向下；④石英舟放入石英管，将装有反应源和硅片的石英舟放入一个两端开口的石英管中（其长和宽分别为 15 cm 和 4 cm）；⑤充分反应，将整个石英管（嵌套石英舟）缓慢推入双温区高温真空管式炉中，通入 Ar 和 O_2，其流量比为 150 ∶ 15，其温度设置为 1 050 ℃，反应时间为 40 min；⑥取样品：经过充分反应后，取出样品，自然冷却至室温，可看到 Si 片上有一层约 0.5 cm 的棒状物质。在高温下，碳粉将 Zn^{2+} 还原成了 Zn 原子，气态 Zn 原子传输至温度稍低的 Si 衬底表面并凝结成 Zn 液滴。在大气条件下，Zn 液滴与空气中的 O_2 反应，生成 ZnO 晶核，诱导 ZnO 微晶生长，且沿着其 001 方向生长，则在 Si 衬底上得到 ZnO 微米棒。

2.1.2　金属纳米颗粒制备

实验中金属 Au 纳米颗粒、Ag 纳米颗粒和 Al 纳米颗粒主要通过小型离子溅射仪和磁控溅射制备。其中，Au 和 Ag 纳米颗粒的溅射主要采用触摸屏模式的小型离子溅射仪，它是合肥科晶材料技术有限公司生产的，其型号为 VTC-16-3HD，具有三种类型的贵金属靶材（Au，Ag 和 Pt），如图 2.2 所示。靶材的切换很自由，可以在无须破真空的情况下进行环靶，并可在同一样品上依次溅射上述三种贵金属材料。其工作原理如下：在电场作用下，高速运动的电子与氩原子碰撞，使其电离出氩正离子并轰击金属靶材表面，溅射出相应的金属原子并沉积在衬底上。金属纳米颗粒的尺寸、形貌和分布可以通过控制其溅射电流、溅射时间及腔体气压等实验条件进行调控。小型离子溅射仪的样品台直径约 50 mm，最大溅射电流约 50 mA，最高加热温度约 500 ℃，最大输出功率约 1 600 VDC 等。

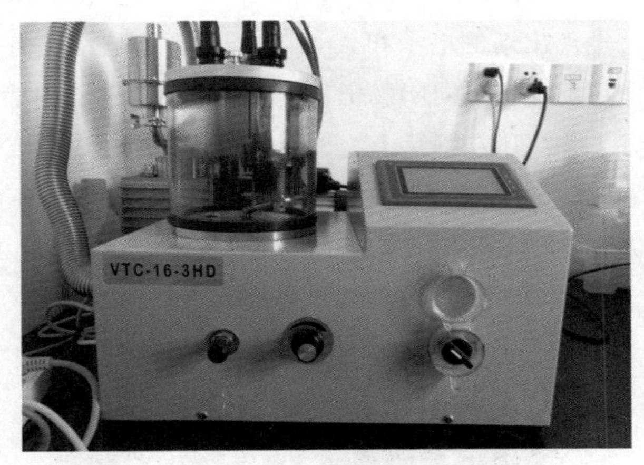

图 2.2　VTC-16-3HD 型等离子溅射仪

现以 Ag 纳米颗粒的制备过程为例，其具体过程描述如下：①清洗，将尺寸为 0.5 cm × 0.5 cm 的 Si 片和 2 cm × 2 cm 的石英片分别用丙酮、酒精、异丙醇及去离子水等进行清洗，并用烘箱 100 ℃烘干后待用；②放片子，将清洗好的 Si 和石英衬底分别放入小型离子溅射仪的样品台上，并将其电源打开；③选靶，将靶材旋转到 Ag 的对应位置（0 位），并关闭真空腔；④抽真空，打开氩气瓶（99.999%），点击“真空”键表示抽真空，适当充入高纯氩气，将真空度调节到 30 ～ 40 Pa；⑤设置溅射时间，每次溅射的时间不一样，本次溅射时间为 60 s；⑥开始溅射，仔细检查相关参数，待全部设置好后，点击“溅射”；⑦破真空，溅射完后，再次点“真空”键表示破真空，并打开放空阀，当真空腔气压示数恢复到大气压时，打开真空腔盖，取出样品；⑧关机，关闭所有电源、关闭氩气等。

除了小型离子溅射仪，磁控溅射系统也可以用来溅射金属纳米材料，如 Al 纳米颗粒。磁控溅射系统是由沈阳科学仪器公司生产的，其型号为 JGP–450 型，如图 2.3 所示，主要用来溅射 ZnO、SiO_2 薄膜及金属材料。磁控溅射是物理气相沉积（physical vapor deposition，PVD）的一种，其工作原理如下：以高纯 Zn 或 ZnO 作为靶材为例，按照一定比例通入 Ar 和 O_2 的混合气体作为工作气体。在电场作用下，电子与 Ar 原子在腔体中发生碰撞，电离出新的电子和 Ar 正离子；新的电子飞向基片，Ar 正离子在电场作用下加速飞向阴极靶材，以高能量轰击靶材表面，溅射出靶原子（启辉）并沉积在基片上。该制备方法具有工艺设备简单、易于控制和成本相对低廉等优势。磁控溅射系统的极限压力小于 6.67×10^{-5} Pa，其基片负偏压约为 –200 V，基片的最高加热温度约为 600 ℃。

图 2.3　JGP–450 型磁控溅射系统

2.1.3　石墨烯材料制备

本研究中石墨烯材料采用 CVD 法制备，其制备过程如下：①清洗，将石英衬底和铜箔（纯度 99.99%，厚度 25 μm）依次按照常规清洁方法洗净，并将铜箔的表面经处理后放到石英衬底上待用；②生长，将载有铜箔的石英衬底一起放入 CVD 管式炉中生长石墨烯；③设置相关参数，其生长温度约 1 045 ℃，反应压强约 320 Pa，反应气体 H_2 和 CH_4 分别为 60 sccm 和 90 sccm，生长时间约 10 min；④旋涂 PMMA，用匀胶机将石墨烯旋涂一层 PMMA 保护，准备待用；⑤腐蚀去铜，将表面旋涂有 PMMA 的石墨烯在 $FeCl_3$ 溶液中进行腐蚀，经过一段时间后，铜完全被腐蚀；⑥转移，将石墨烯转移到清水中，反复清洗几次去除表面黏附的金属离子，再用液相转移法，将旋涂有 PMMA 的石墨烯转移到 ZnO 微米棒上；⑦去掉 PMMA，待石墨烯自然干燥后，将覆盖有石墨烯的 ZnO 放入丙酮中浸泡 3 次，每次 30 min，去除石墨烯表面的 PMMA；⑧干燥，将覆盖有石墨烯的 ZnO 放在加热板上缓慢升温至 70 ℃，并恒温保持 70 ℃约 20 min，其制备及转移过程如图 2.4 所示。

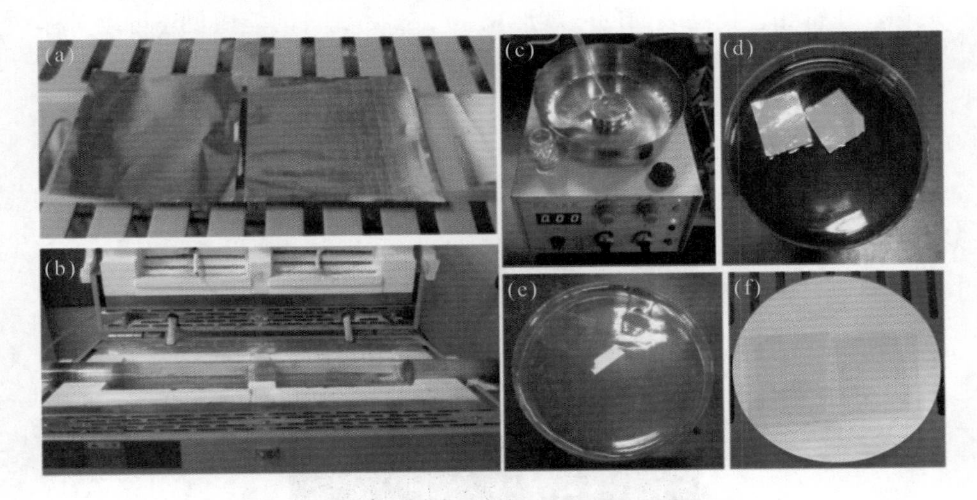

图 2.4　CVD 方法制备石墨烯及转移过程示意图

2.2 实验样品表征

本书主要采用场发射扫描电子显微镜（field emission scanning electron microscopy，FESEM）、X 射线能量色散谱（X-ray energy dispersive spectrometer，EDS）、X 射线衍射仪（X-ray diffraction，XRD-7000）等仪器设备对样品进行表征。

由蔡司公司生产的 Ultra Plus 型场发射扫描电子显微镜采用 Zeiss 的 GEMINI 专利技术，是一种常见的电子束无交叉且具有卓越低电压性能的材料表征与分析手段。它主要由真空系统、电子束系统和成像系统组成，同时配置牛津 X-MAX 能谱仪，可提供高分辨的纳米结构信息以及表面形貌及其组分信息，如图 2.5 所示。其工作原理如下：利用聚焦高能电子束在样品表面进行扫描，并与相应样品表面的物质相互作用，激发出二次电子、背散射电子和俄歇电子，通过对这些物理信息的接受、放大与显示成像，获得相应样品表面的微观形貌。FESEM 配备的能谱仪还可以对样品的显微组织形貌和微区成分进行扫描和定性分析。系统加速电压范围在 0.02 ～ 30 kV，放大倍数约为 10^6，不仅能观察样品的精细结构，还能测出导电能力差的样品图像。比如：在加速电压为 15 kV 时，其图像分辨率约为 1.0 nm；在加速电压为 1 kV 时，其二次电子图像分辨率约为 2.0 nm 等。

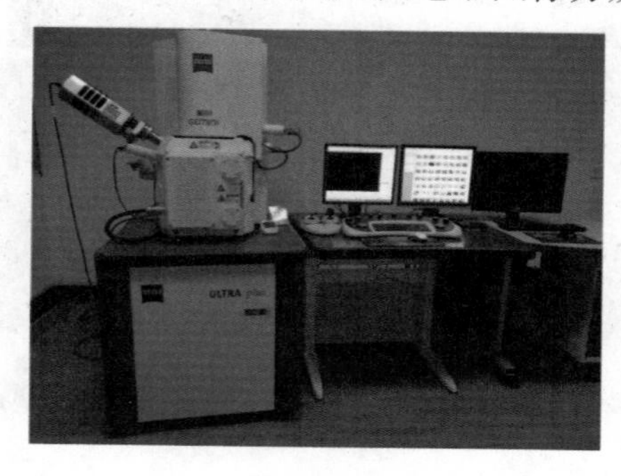

图 2.5　Zeiss Ultra Plus 型场发射扫描电子显微镜

将制备的 ZnO 微纳结构、金属纳米颗粒及石墨烯等材料用 FESEM 进行形貌表征，如图 2.6（a）和图 2.6（b）中可以看出，利用 CVD 制备的 ZnO 微纳米棒表面非常光滑，具有天然的六边形截面。同时，图 2.6（c）中是利用小型离子溅射仪溅射的 Ag 纳米颗粒，可以看出 Ag 纳米颗粒已经均匀分布在衬底上，其尺寸为 20～60 nm。图 2.6（d）是用 CVD 法制备的单层石墨烯，将其转移到 ZnO 微米棒上可以明显看出石墨烯的褶皱，说明石墨烯已成功转移到 ZnO 微米棒上。利用能谱仪对此样品进行 mapping 扫描，如图 2.6（e）和图 2.6（h）所示，从图中可以看出元素 C、O、Zn 和 Si 分布均匀。

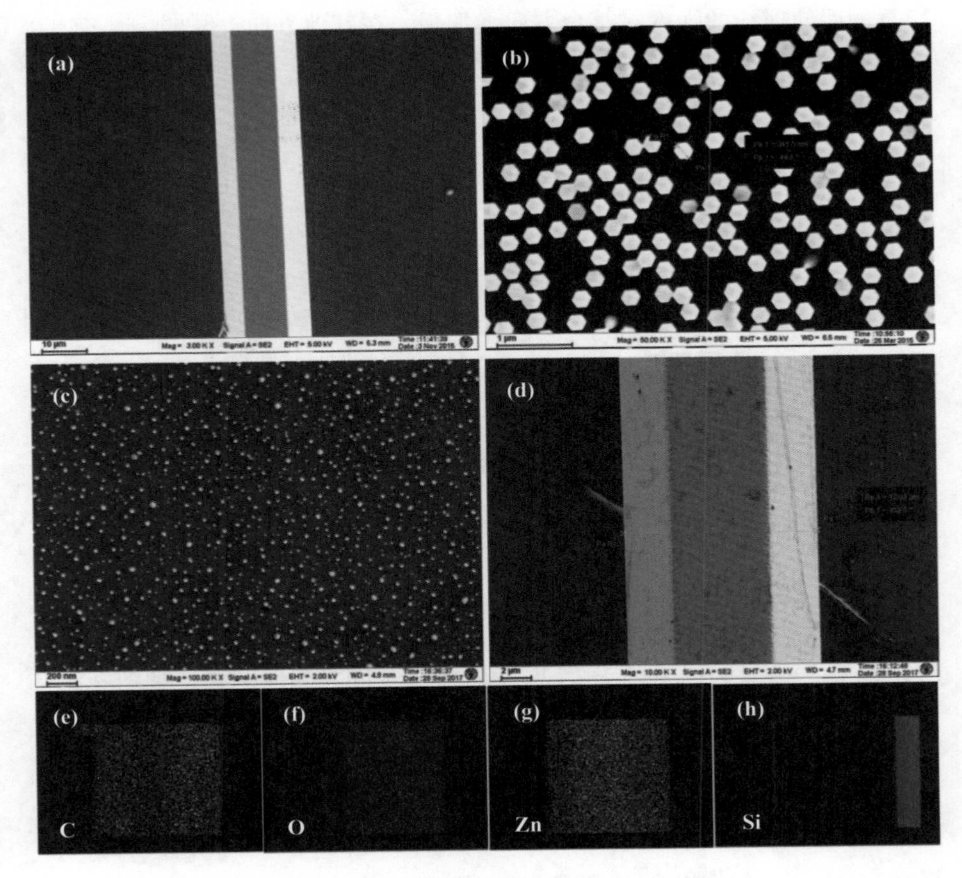

图 2.6 利用 SEM 对各种材料进行形貌表征

由日本岛津公司生产的 XRD-7000 型 X 射线衍射仪可精确测定物质的晶体结构并对物质进行物相分析，是一种常用的物质结构表征手段，如图 2.7 所示。X 射线是一种波长为 0.06 ～ 20 nm 的电磁波，能穿透一定厚度的物质，已广泛应用于科研、教学、材料生产、化工、石油及航空航天等领域。本研究工作使用的 X 射线衍射仪对应 Cu 靶的 X 射线波长（0.154 056 nm），扫描角度范围为 -6° ～ +163°（2θ），-180° ～ +180°（θ）。其工作原理如下：当一束 X 射线照射样品时（其波长和晶体内部原子面之间的距离相近），受到物体中原子的散射，每个原子都可能产生散射波，这些散射波相互干涉后产生衍射。衍射波进行叠加后使射线的强度在某个方向上加强，在其他方向上减弱。

图 2.7　岛津 XRD-7000 型 X 射线衍射仪

以 ZnO 微米棒为例，用 X 射线衍射仪表征其晶体结构，如图 2.8 所示。在 2θ=32.0°、2θ=34.7°、2θ=36.6°、2θ=47.8° 和 2θ=56.9° 等位置处可以明显观察到 5 个典型的 ZnO 晶体的衍射峰对应 $(10\bar{1}0)$，(0002)，$(10\bar{1}1)$，$(10\bar{1}2)$ 和 $(11\bar{2}0)$ 的 5 个晶面，且与纤锌矿结构 ZnO 晶格常数 a = 3.250 Å 和 c = 5.207 Å（JCPDS no. 36-1451）的完全匹配。从

图中可以看出 (0002) 的衍射峰最强，说明 ZnO 微米棒具有较好的 c 轴取向，即择优生长取向为 [0001] 方向。同时，其衍射峰很窄，说明 ZnO 具有很好的结晶性。

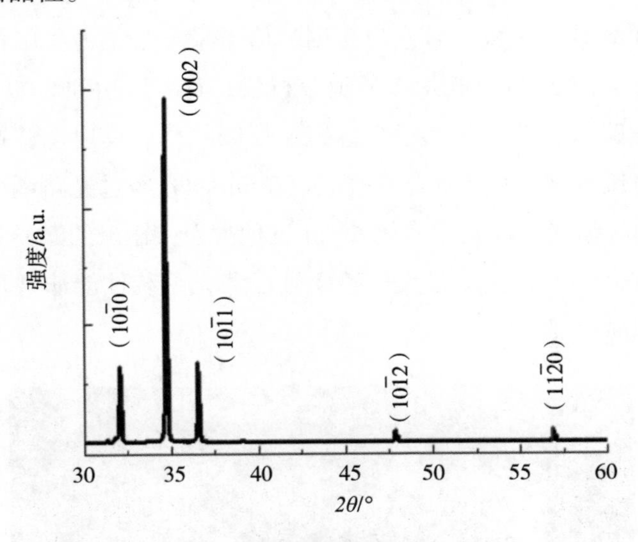

图 2.8　ZnO 微米棒 XRD 表征

2.3　实验样品测试

本节利用自搭建的微区荧光测试系统、条纹相机系统、显微拉曼光谱仪和低温恒温系统对制备的实验样品进行了自发辐射、受激辐射、瞬态光谱、低温光谱和拉曼散射等测试。

自搭建的微区荧光系统主要用于 ZnO 及其复合结构微区光谱的分析测试，并由激发光源、显微系统、信号采集系统以及相应的光路耦合系统四部分组成，如图 2.9 所示。其中，激发光源为美国相干公司生产的 Libra-F-HE 型飞秒激光器（1 000 Hz，800 nm）泵浦 OperA Solo 型光学参量放大器所得的 325 nm 飞秒激光，具有小于 100 fs 的激光脉冲宽度、大于 3.5 mJ 的单个脉冲能量，以及 1 kHz 的重复频率等特点，可应用于飞秒微纳加工、超快光谱学及非线性光学等领域。显微系统是配置 40 倍紫外物镜和微动平台的 BX53 型正置显微镜，最高可达到 1 μm 的分辨率，可以实现样品微小区域的激发与探测。信号采集系统为美国普林斯顿仪器公司 Acton SP2500 型光学多通道分析仪，且可以达到 0.09 nm 的光谱分辨率。光路耦合系统包括很多透镜、倍频晶体、反射镜、折射镜、滤光片、分光镜及偏振片等光学元件，800 nm 的光经过光路耦合系统后得到所需的目标激光，如常用的 325 nm 飞秒激光，输出的激光具有很好的单色性、方向性，且强度很大。整套微区荧光系统性能非常稳定，灵敏度高，测试简单。

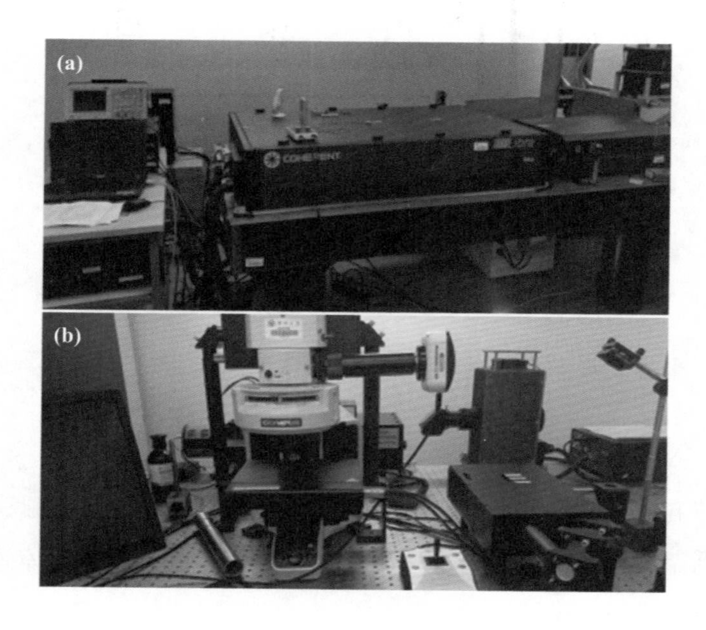

图 2.9　微区荧光系统

（a）飞秒激光系统；（b）自搭建微区荧光系统

用 325 nm 飞秒激光对 ZnO 微米棒的光学性能进行 PL 测试，如图 2.10（a）所示，其结果表明 ZnO 微米棒在紫外区 390 nm 附近有很强的近带边辐射，而位于 545 nm 左右处有较弱的并与缺陷相关的绿光荧光

峰。然后挑选单根 ZnO 微米棒放置与 Si 衬底上，用导电胶固定其一端，在自搭建的微区荧光系统中进行激光测试，如图 2.10（b）所示。从图中可以看出，该 ZnO 微米棒具有很多 WGM 模式，激光品质很好，并在显微镜暗场下发出耀眼的蓝紫色光亮，如图 2.10（b）插图所示。因此，ZnO 微米棒是一个天然的 WGM 几何腔体。

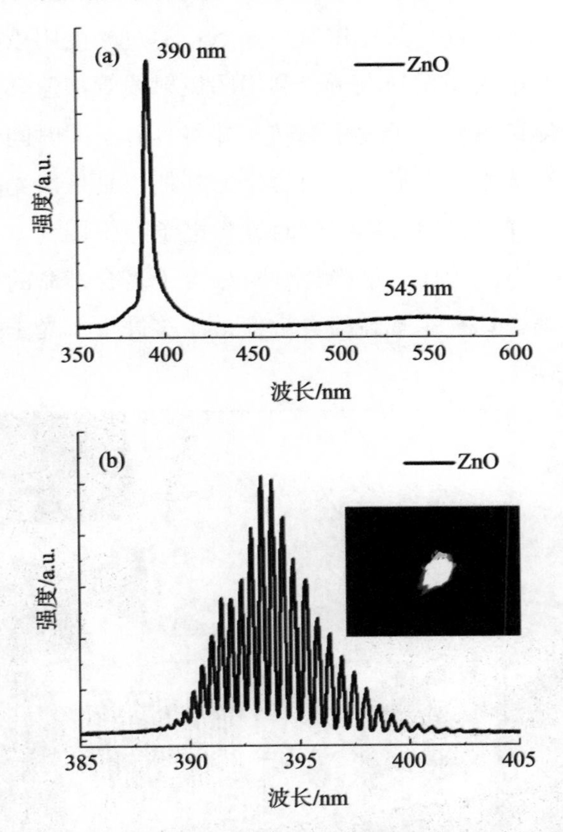

图 2.10　ZnO 微米棒 PL 谱及单根 ZnO 微米棒激射谱

（a）ZnO 微米棒 PL 谱；（b）单根 ZnO 微米棒激射谱

荧光寿命是指当某种半导体物质被一束激光激发后，该物质的分子吸收能量从基态跃迁到某一激发态上，再以辐射跃迁的形式发出荧光回到基态。当去掉激发光后，分子的荧光强度降到激发时的荧光最大强度 I_0 的 1/e 所需要的时间，常用 τ 表示。荧光寿命的测定方法有时间相关单

光子记数法、频闪技术、相调制法、上转换法和条纹相机法。本研究工作使用德国 Optronis GmbH SC–10 型条纹相机系统来测定其荧光寿命，如图 2.11 所示。在材料研究中，测量材料的荧光寿命，可以获得相应的能级结构及激发态弛豫时间等信息。基于荧光寿命测定的时间分辨荧光光谱还可以用来研究激发态发生的分子内或分子间相互作用以及作用发生的快慢等动力学过程。其工作原理如下：通过光电阴极收集被测光入射到光电阻上产生的一系列电子，利用阴极射线管加速其电子后经过一系列光学元件使该系列电子发生偏转，并将具有不同时间光电子的空间成像位置信息在荧光屏上显示。简言之，其核心是一次光—电转换及一次电—光转换，并通过阴极射线管对光生电子产生调制，从而实现对发光过程的时间和空间转换，最终得到对载流子复合寿命的监控。该条纹相机与光谱仪耦合具有非常高的灵敏度，能够进行单光子探测，其时间分辨率小于 2 ps。

图 2.11　德国 Optronis GmbH SC–10 型条纹相机系统

制备样品 ZnO 和 Au/ZnO，利用条纹相机系统进行研究，测试时间分辨光谱（TRPL）如图 2.12 所示。其测量结果经过衰减函数进行拟合，可以得到 ZnO 和 Au/ZnO 的紫外荧光平均寿命 τ 分别为 531 ps 和 297 ps。一般来说，半导体中的激子通常以辐射复合和非辐射复合两种

复合方式存在。修饰 Au 纳米颗粒后，ZnO 非辐射跃迁直接激发 Au 纳米颗粒的表面等离激元到更高能级态，然后转移到 ZnO 导带，这部分热电子再次产生 ZnO 激子复合过程，因而延长了 Au/ZnO 紫外荧光的衰减寿命，从而证明 Au 表面等离激元与 ZnO 激子之间存在电子转移。

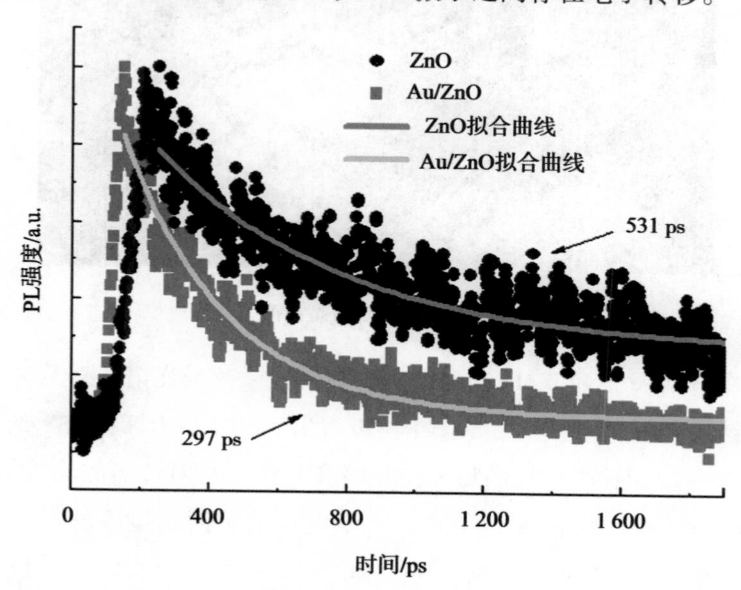

图 2.12　修饰 Au 纳米颗粒前后时间分辨谱图

光照射到物质上时会发生散射，散射光中除了与激发光波长相同的弹性成分（瑞利散射）外，还有比激发光的波长较长和较短的成分，后一现象统称为拉曼效应。由分子振动、固体中的光学声子等元激发与激发光相互作用产生的非弹性散射称为拉曼散射，一般把瑞利散射和拉曼散射合起来所形成的光谱称为拉曼光谱。利用拉曼光谱，可以对半导体材料、生物荧光分子等拉曼信号进行测量。HORIBA 公司生产的 LabRAM HR 800 型显微拉曼光谱仪是本书研究工作进行拉曼测量的主要仪器，如图 2.13 所示。它包含拉曼光谱分析技术和显微分析技术，再辅以高倍光学显微镜，可实现逐点扫描，更易于直接得到很多有价值的信息，并获得高分辨率的三维图像。

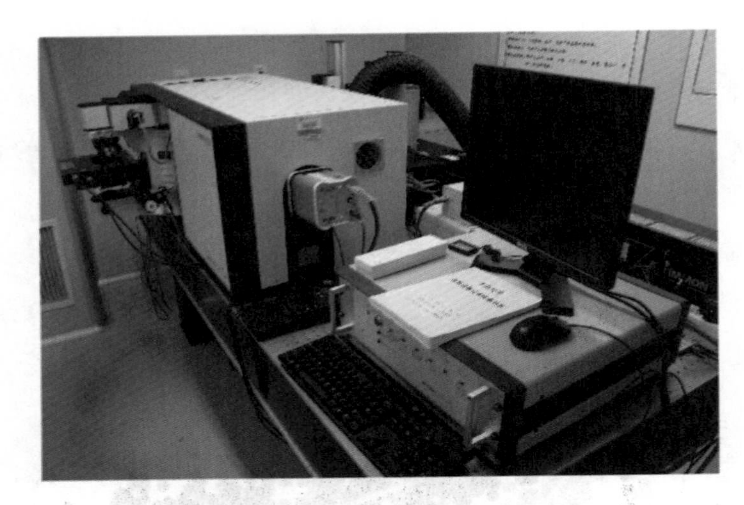

图 2.13　LabRAM HR 800 型显微拉曼光谱仪

制备样品石墨烯 /ZnO 复合结构，利用显微拉曼光谱仪对其进行拉曼表征，结果如图 2.14 所示。从图中可以看出，ZnO 微米棒在 438 cm^{-1} 处出现了一个典型纤锌矿结构的特征拉曼峰和另一个相对较弱的峰（303 cm^{-1} 处）。同时，石墨烯拉曼光谱非常清楚地显示了两个拉曼特征峰，即 G 峰和 2D 峰，它们分别在 1 568 cm^{-1} 和 2 677 cm^{-1} 处，且它们的拉曼强度之比 $I_{2D}/I_G>1$，进一步说明石墨烯具有较好的结晶质量。

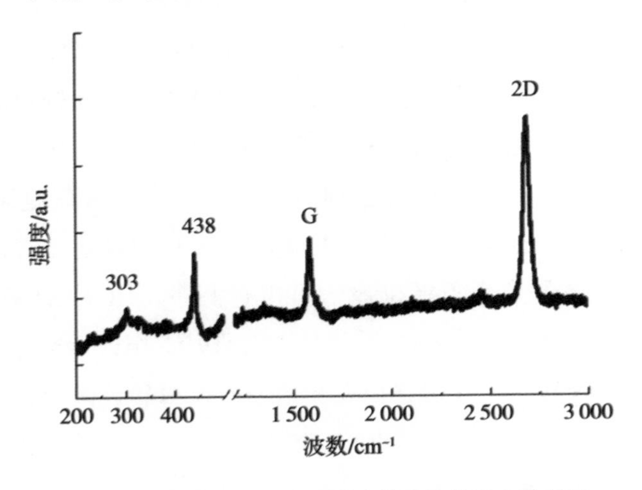

图 2.14　石墨烯 /ZnO 复合微米棒上的拉曼光谱表征

低温光谱技术是一种新型的在低温条件下检测物质的光谱学行为的分析技术。利用低温光谱技术，可以更加深入地研究半导体材料的束缚激子、自由激子及其与相应声子之间的相互作用，从而更加准确地了解材料特性。本书低温光谱的测试主要由美国 Janis Research Company Inc. 生产的 CCS-900 低温恒温系统提供，如图 2.15 所示。该系统主要由恒温器主体、液氦循环系统、冷却系统、分子泵和温控仪五个部分组成，其工作原理如下：利用外加液氦循环系统，制冷机通过铜辫将冷量传递给一个充满氦气的样品管，从而将样品管内的氦气冷却，样品通过一个样品杆插入样品管内，样品管内冷氦气和样品进行对流传热，从而使样品降温。其主要优点如下：一是系统无须升温至室温（制冷机工作时）就可以迅速更换样品，换样时间大大缩短。通过拔出样品杆快速更换样品，再次插入到低温恒温器中，整个过程只需要几分钟，并且整个过程中制冷机处于工作状态。因此，与样品置于真空制冷机系统相比，该制冷机恒温器的样品测试效率大大提高。二是可有效地冷却导热能力差的样品或难以固定在冷指上的不规则样品，如粉末、液体和压块的固体等。该低温恒温系统的温度可以降到 10 K 以下，能实现小于 0.05 K 的控温稳定性。

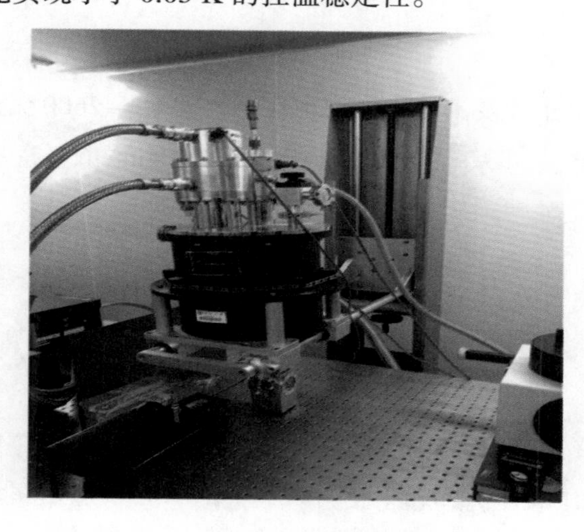

图 2.15　CCS-900 低温恒温系统

准备样品 ZnO，利用低温恒温系统对其进行测试，得到温度从 10 K 到 300 K 的 PL 图谱，如图 2.16 所示。从图中可以看出，随着温度的逐渐升高，束缚激子谱线由于声子散射等原因而逐渐展宽，且其发光峰位逐渐发生红移，发光强度逐渐减小。同时，越来越多的束缚激子逐渐热离化转变成自由激子，随后自由激子的相对强度明显增加，并最终在室温光致光谱中占主导。

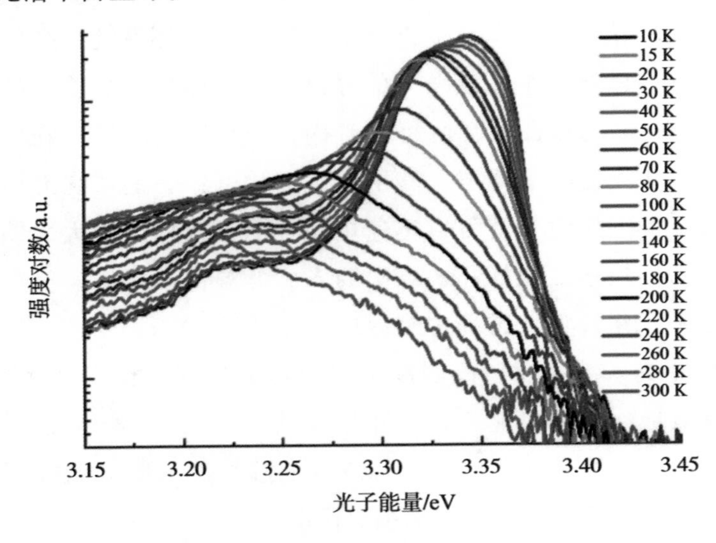

图 2.16　ZnO 变温光谱

此外，本书也涉及其他光学测试仪器，如 UV-2600 紫外可见分光光度计（日本岛津公司）、F-4600 荧光光谱仪（Hitachi）等。

2.4　本章小结

本章主要介绍了 ZnO 微纳结构、金属纳米颗粒和石墨烯等材料的制备，并讨论了其生长机理和生长过程。同时，系统介绍了利用场发射扫描电子显微镜、能量色散谱和 X 射线衍射仪对样品进行表征，进一步利

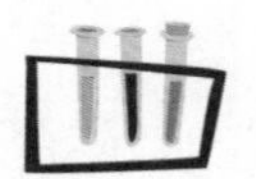

用自搭建的微区荧光测试系统、条纹相机系统、显微拉曼光谱仪及低温恒温系统等测试仪器对样品进行了相关测试，并给出了具有代表性的测试结果。

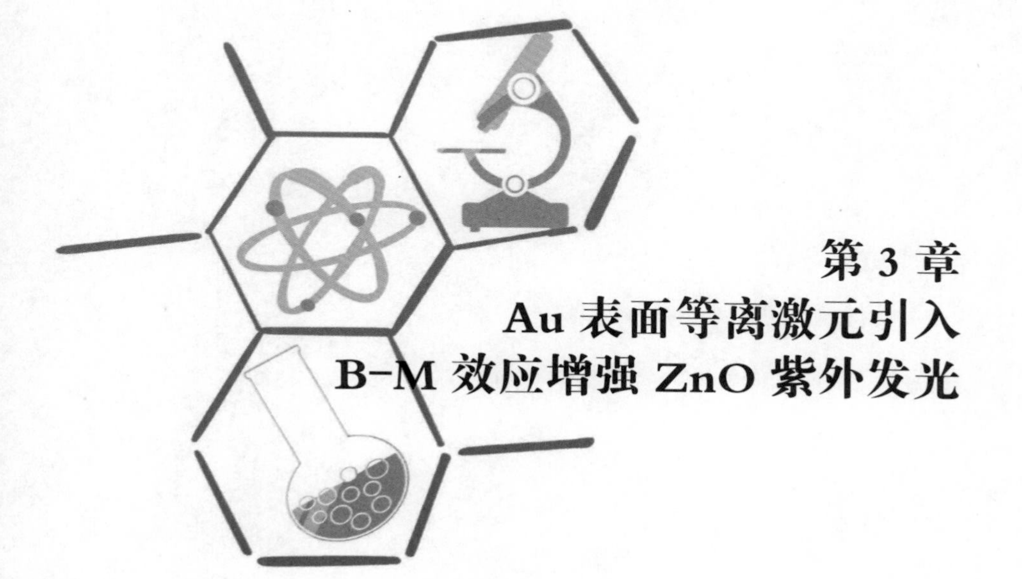

第 3 章
Au 表面等离激元引入 B-M 效应增强 ZnO 紫外发光

3.1　研究背景

改进材料的发光效率和发光强度是半导体发光器件的基础研究和工业应用的永恒课题。在室温下（一般为 25 ℃），基于 ZnO 宽直接带隙（3.37 eV）和高激子结合能（60 meV），ZnO 是一种极具前景的短波长光电器件材料[1-2]。在过去的几十年里，表面等离激元增强 ZnO 的近带边发光现象已经引起人们的广泛关注。例如 Wang 等人[3]利用 CVD 法在 Si 衬底上制备了 ZnO 微米管，并利用小型离子溅射仪在 ZnO 微米管表面溅射了不同时间的 Au 纳米颗粒（NPs），从而构建了 ZnO/Au 复合结构，通过微区荧光系统研究了 ZnO 微米管溅射不同时间 Au NPs 的光学性能，其自发辐射和受激辐射都得到了显著增强，而缺陷发光则完全受到抑制，紫外发光最大增强倍数达到 10 倍，且其激射阈值明显降低。随后，Xiao 等人[4]利用离子注入法构建了 Ag NPs-SiO_2-ZnO 的三明治结构，得到了近 4 倍的近带边辐射发光增强。另外，Lin 等人[5]发现 Pt 纳米颗粒的表面等离激元可以极大地提高 ZnO 纳米棒的近带边发光。Lu 等人[6]还报道了 ZnO 微米棒修饰 Al NPs 后，其带边发光增强了 170 多倍。这些发光增强都是基于金属纳米颗粒和 ZnO 激子的表面等离激元共振效应。然而，金属 / 半导体之间的相互作用除了表面等离激元耦合机制，其光学现象背后也存在许多不清楚的地方值得进一步研究与探索。

当半导体重掺杂时，费米能级进入导带，本征光吸收边向高能方向移动的现象称为布尔斯坦 - 莫斯（Burstein-Moss，B-M）效应[7-9]。它是由泡利不相容原理引起的，当在半导体中掺杂增加时其带隙改变，价带顶和导带中未占据能态发生分离。n 型重掺杂时，由于费米能级在导带中而使带隙改变加大（p 型时在价带中），由于载流子浓度过高，在导带已经有一些电子填入时，电子从价带跃迁至导带就需要更多的能量，满带阻碍热激发和光激发，在 n 型半导体中可以增强能带间隙宽，从而影响某物质的荧光发射和紫外吸收的峰位置。该效应也称为蓝移效应，常用于荧光光谱的解释中。这种“B–M 效应”并不是半导体固有的带隙蓝移，由于导带电子填充也可导致光带隙的蓝移。从自由电子理论中可以得知，B–M 位移的大小与 $n_e^{2/3}$ 成正比，其中 n_e 是电子载流子浓度[10–11]。例如，在 Al 掺杂的 ZnO 薄膜[12]和纳米线[13]、Si 和 Ge 掺杂的 GaN[14]以及 Re 掺杂的 MoS_2 颗粒[15]中就观察到了由 B–M 效应引起的光带隙蓝移。最近，Liu 等人[9]报道了在室温下通过表面等离激元增强单根 CdS 纳米线激光器的 B–M 效应，其激光波长蓝移超过 20 nm。但是，人们并没有深刻理解表面等离激元和半导体之间的耦合机制，这对于设计相应的功能器件具有重要意义。

本章采用典型的气相传输方法合成了纤锌矿结构的 ZnO 微米碟。在室温下和低温下分别系统研究了纯 ZnO 微米碟和 Au/ZnO 复合结构的 PL 光谱，并探讨了 Au 纳米颗粒的表面等离激元和 ZnO 激子的耦合过程。通过理论计算电子填充和由此产生的能带重整，其结果与实验观测的光谱蓝移结果相吻合，二者进一步揭示了 BM 效应。通过调整溅射时间，有效地控制带间发光增强和光谱蓝移。在 ZnO/Au 复合结构中，通过 PL 动力学验证了随着温度（从 10 K 到 300 K）变化，其 BM 效应先增强后减弱，导致热电子填充 ZnO 导带，其总示意图如图 3.1 所示。

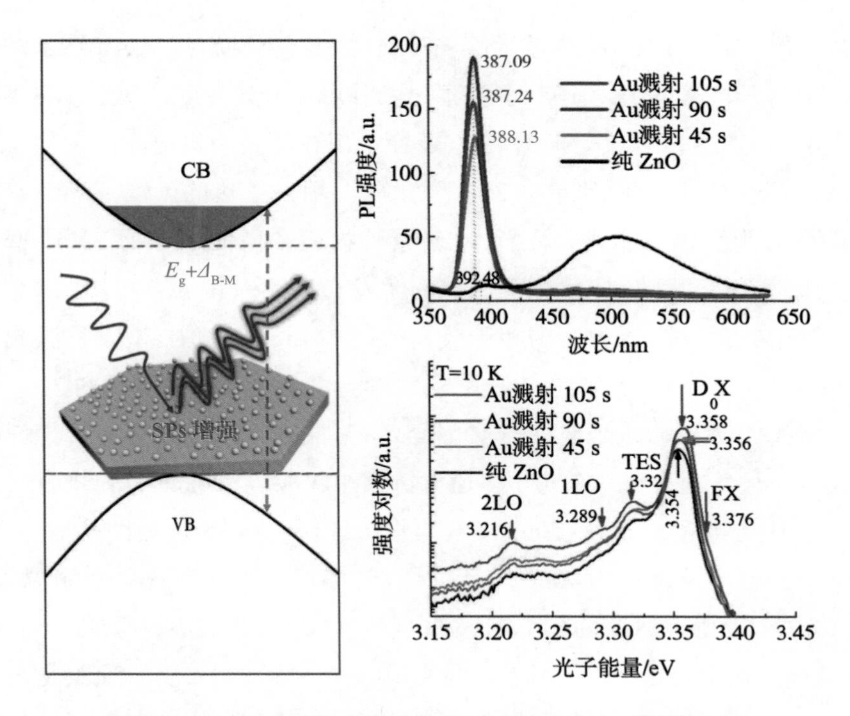

图 3.1　Au 表面等离激元引入 B-M 效应增强 ZnO 紫外发光

3.2　Au/ZnO 微米碟的制备

以 Si 片为衬底，利用简单的气相传输法制备了纤锌矿结构的 ZnO 微米碟。其制备及反应过程与第二章介绍的相似。实验样品准备好后，通过场发射扫描电子显微镜（FESEM）对 ZnO 进行形貌表征，同时配备 X 射线能谱仪（EDS）进行元素 mapping 表征，并通过 X 射线衍射仪（XRD-7000，Shimadzu，Cu 靶，λ=0.154 06 nm）对 ZnO 微米碟的衍射图谱进行分析，从而获得 ZnO 材料的主要成分及其内部原子或分子的结构或形态等信息。将此 ZnO 微米碟样品用玻璃刀切成 5 个小样品，分别用 F-4600 荧光分光光度计测试每个样品的 PL 谱，准备待用。然后用小型离子溅射仪分别在 ZnO 微米碟、Si 衬底和石英衬底溅射 Au 纳米颗粒 0 s、15 s、45 s、90 s、105 s，并通过紫外可见分光光度计测定在石英衬底上的 Au NPs 吸收谱。然后将 ZnO 微米碟在酒精中进行超声分散，取上清液滴在 Si 片上得到单个 ZnO 微米碟。用自搭建的微区荧光系统探测样品的受激辐射光谱，配置 40 倍紫外物镜和微动平台的 BX53 型正置显微镜，可以实现样品微小区域的激发与探测，其示意图如图 3.2 所示。其中，激发光源为美国相干公司生产的 Libra–F–HE 型飞秒激光器（1 000 Hz，800 nm）泵浦 OperA Solo 型光学参量放大器所得的 325 nm 飞秒激光，激光脉冲宽度小于 100 fs，重复频率 1 000 Hz。通过光纤收集发光信号并耦合到一个光学多道分析仪（OMA）系统的电荷耦合器件阵列探测器中。为了比较 ZnO 微米碟修饰 Au 纳米颗粒前后的光学性质，在室温和低温下分别对 ZnO 样品进行 PL 测试并进行对比。在室温下，用荧光分光光度计（hitachi）测量 ZnO 微米碟的 PL 光谱，用 325 nm 的 Xe 灯作为激发光源；在低温下，温度 10 ～ 300 K 的 PL 低温测量是在美国 Janis Research Company Inc. 生产的 CCS–900 低温恒温系统中进行的，用 325 nm 的飞秒脉冲激光作为激发光源。

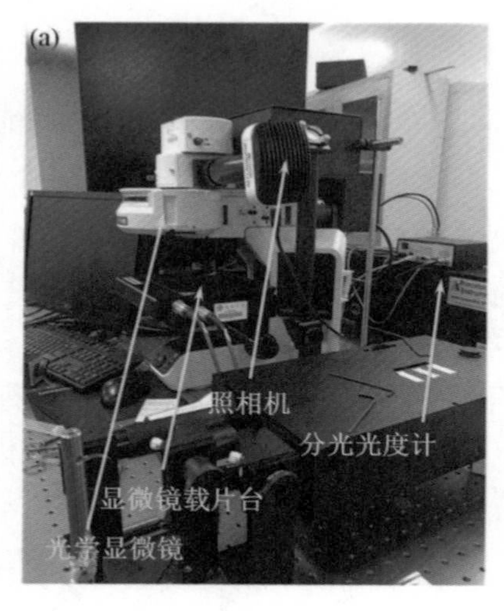

图 3.2　微区光谱测量

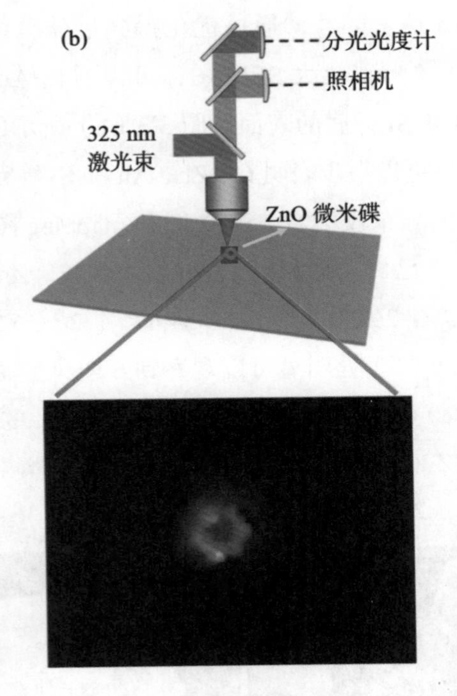

图 3.2　微区光谱测量（续）

（a）实物图；（b）装置结构示意图

3.3　Au 表面等离激元增强 ZnO 紫外发光

3.3.1　Au 表面等离激元增强 ZnO 的自发辐射

利用气相传输法制备了如图 3.3（a）所示的 ZnO 微米碟，其直径约为 2 ～ 6 μm。从图 3.3（b）单个 ZnO 微米碟的 SEM 中可以看到，ZnO 微米碟具有典型且完美的六边形结构，其表面非常光滑。光很容易在 ZnO 微米碟内壁进行多重全反射，从而有效保证形成一个天然的 WGM 微腔。然后，利用小型离子溅射仪在 ZnO 微米碟的表面溅射了不同时间及不同粒径大小分布的 Au 纳米颗粒，通过优化得到最佳溅射时间及尺寸。图 3.3（c）是 Au/ZnO 微米碟放大 SEM 图，可以看出 Au 纳米颗粒均匀地分布在 ZnO 微米碟和 Si 衬底的表面。图 3.3（c）所示的插图元素面扫描（mapping）分析结果更进一步表明 O、Zn、Au 和 Si 等元素存在于 ZnO 微米碟中，且在衬底上分布较均匀。SEM 图和 mapping 图都证明在 ZnO 微米碟表面和 Si 衬底上已成功地溅射了 Au 纳米颗粒。ZnO 微米碟 XRD 谱如图 3.3（d）所示，在 2θ=31.7°、2θ=34.4°、2θ=36.2°、2θ=47.5°、2θ=56.5° 和 2θ=62.9° 等处明显可以观察到 6 个典型的 ZnO 晶体的衍射峰对应（100）（002）（101）（102）（110）和（103）的晶面，且完全符合本课题组之前对 ZnO 微米碟的报道[16-17]。所有的衍射峰与纤锌矿结构 ZnO 的晶格常数 α = 3.250 Å 和 c = 5.207 Å（JCPDS no. 36–1451）完全匹配。

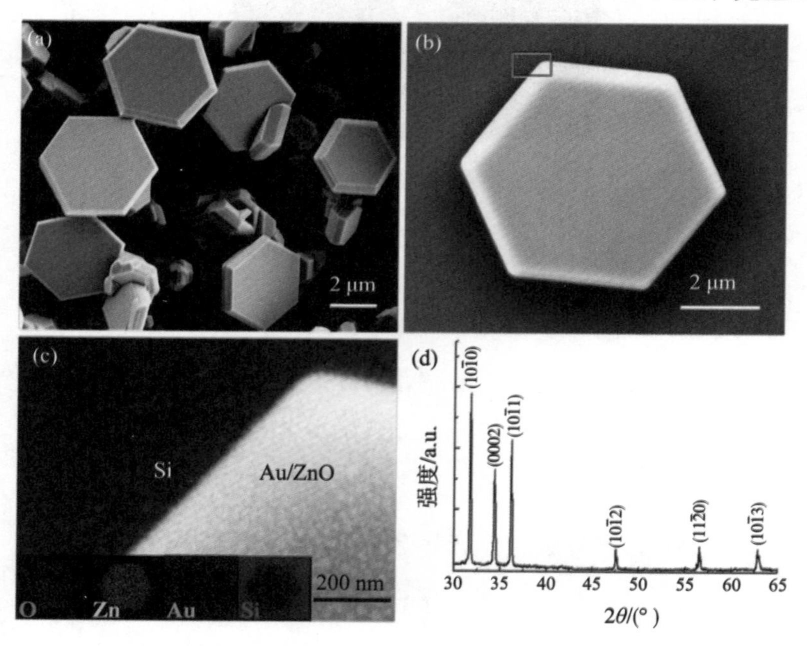

图 3.3　ZnO 微米碟 SEM 及 XRD 表征

（a）ZnO 微米碟 SEM 图；（b）单个 ZnO 微米碟 SEM 图；（c）溅射 Au 纳米颗粒的 ZnO 微米碟放大图，插图为 O、Zn、Au 和 Si 元素面扫描分布图；（d）ZnO 微米碟 XRD 图谱

在室温下，用 F–4600 荧光光谱仪测量 ZnO 微米碟修饰 Au 纳米颗

粒前后的光致发光 PL 谱，如图 3.4 所示。在 ZnO 微米碟的光谱中可以观察到一个比较弱的近带边发光峰（其中心位置大概在 392.48 nm 处）和一个很强的缺陷光发光峰（其中心位置大概在 508.12 nm 处）。一般来说，392.48 nm 处的发光峰主要来源于 ZnO 近带边自由激子辐射，而 508.12 nm 处的发光峰则与 ZnO 中的缺陷态相关跃迁有关。比如，在 ZnO 微纳结构的制备过程中，可能会出现氧空位（V_o）、锌空位（V_{Zn}）、氧填隙（O_i）和锌填隙（Zn_i）等缺陷[18-20]，以及锌替代氧（Zn_O）或氧替代锌（O_{Zn}）等反位缺陷与晶体结构上存在的一些点缺陷、线缺陷以及层错缺陷等[21, 22]。实验结果表明，缺陷态发光在 ZnO 微米碟中占据主导地位，从而影响了 ZnO 近带边辐射复合的发光效率。为了增强 ZnO 微米碟的近带边发光，利用小型离子溅射仪分别溅射了不同时间不同尺寸的 Au 纳米颗粒。在溅射 Au 纳米颗粒后，其 Au/ZnO 微米碟的近带边发光显著增强，同时抑制了缺陷发光。在同一激发条件下，它们的近带边发光与缺陷发光的强度之比（I_{NBE}/I_{defect}）会随着 Au 纳米颗粒溅射时间的不同而改变。对于溅射 15 s 的 Au/ZnO 微米碟样品来说，它的近带边发光强度增强了一些，同时缺陷发光减弱了一些，且其近带边发光峰蓝移到了 389.95 nm 处。从图 3.4（a）中可以看出，随着 Au 纳米颗粒溅射时间的延长，近带边发光强度逐渐增强且其缺陷发光逐渐减弱直到消失。对于 45 s 的 Au/ZnO 微米碟样品，近带边发光峰进一步蓝移到 388.13 nm 处，且明显比缺陷光增强了很多。当溅射 90 s 时，在 387.09 nm 处的近带边发光达到最大，同时缺陷发光几乎消失。与纯 ZnO 微米碟相比，其 90 s 的 Au/ZnO 微米碟样品的发光强度增强了近 20 倍，且近带边发光峰蓝移了 5.39 nm（44 meV）。为了进一步理解 Au 纳米颗粒的引入所带来的奇特光学现象，对 90 s 的 Au/ZnO 与纯 ZnO 微米碟 PL 谱进行了归一化处理，如图 3.4（b）所示，其归一化 PL 谱的光谱变化更为明显。结果表明，随着溅射时间的增加，I_{NBE}/I_{Defect} 也随之增加，说明 Au 纳米颗粒的修饰不仅极大地增强了 ZnO 近带边发光，同时有效抑制了 ZnO 缺陷发光。当溅射时间延长至 105 s 时，近带边发光强度则开始降低，其

峰位相对于 90 s 的样品则红移到 387.24 nm（1.4 meV）处，但相对于纯 ZnO 微米碟的样品却仍然表现出较强的近带边紫外发光和蓝移现象（42.6 meV）。总之，随着 Au 溅射时间的增加，ZnO 微米碟的近带边发光强度逐渐增强直至最大饱和，然后降低，其发光峰蓝移，同时其缺陷发光持续下降，图 3.4（a）中的插图更清楚明了。这进一步说明 ZnO 微米碟发光性能与 Au 纳米颗粒的尺寸和空间分布是分不开的。

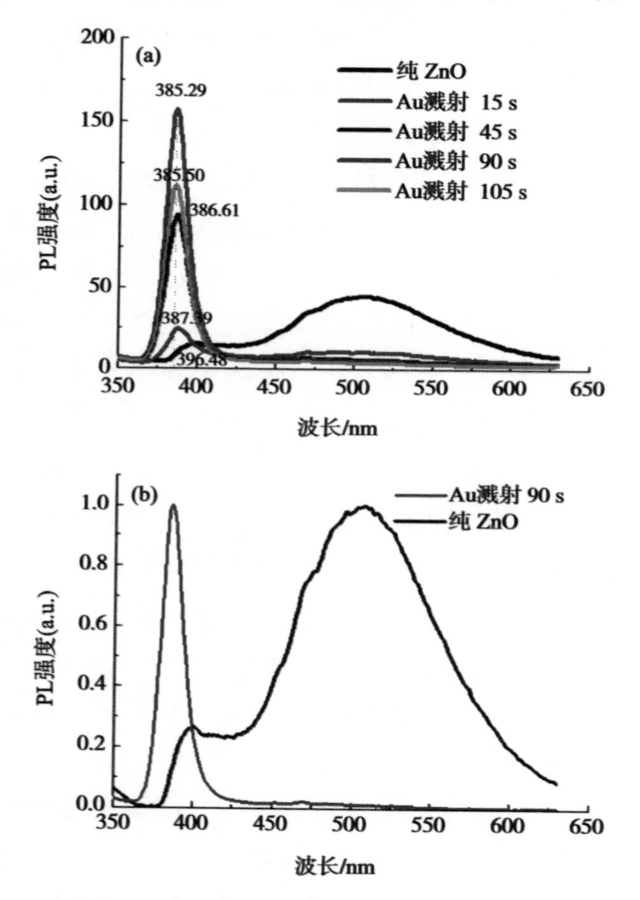

图 3.4　ZnO 微米碟溅射 Au 纳米颗粒前后的 PL 谱及溅射 90 s 前后的归一化 PL 谱

（a）ZnO 微米碟溅射 Au 纳米颗粒前后的 PL 谱，插图为缺陷光的放大图；
（b）ZnO 微米碟溅射 90 s 前后的归一化 PL 谱

为了阐明 Au 纳米颗粒与 ZnO 微米碟之间的相互作用，在同一条件下分别在 Si 和石英衬底上溅射了不同时间的 Au 纳米颗粒，并表征了其形貌和相应的光学特性，如图 3.5（a）～图 3.5（d）所示。从 SEM 图中可以看出，随着溅射时间的增加，在 Si 衬底上的 Au 纳米颗粒变得越来越大且越来越密集。从 15 s 到 45 s 再到 90 s 分别对应的平均尺寸从 8 nm 逐渐增加到 15 nm 再增加到 18 nm 左右。当溅射时间增加至 105 s 时，Au 纳米颗粒开始团聚并进一步形成准薄膜。利用 UV-2600 紫外可见分光光度计（日本岛津公司）测试石英衬底上不同溅射时间 Au 纳米颗粒的吸收谱，如图 3.5(e）所示。当溅射时间为 15 s、45 s、90 s 和 105 s 时，Au 纳米颗粒对应吸收峰位分别在 521 nm、538 nm、563 nm 和 571 nm。随着溅射时间的增加，其吸收强度逐渐增加，当溅射时间进一步增加至 105 s，吸收强度则减弱，与 ZnO 微米碟的近带边发光变化趋势一致。当溅射时间为 90 s 时，Au 纳米颗粒的吸收强度达到最大，且对应近带边发光达到最强。图 3.5（f）比较了不同溅射时间 Au 纳米粒子的归一化吸收谱与纯 ZnO 微米碟的缺陷发光峰。吸收谱与 ZnO 缺陷发光峰之间的重叠程度和吸收强度共同对 Au 表面等离激元和 ZnO 缺陷光之间的耦合起作用。当溅射时间是 15 s 时，Au 纳米颗粒很小且其平均尺寸为 8 nm 左右，分布比较稀疏，其吸收峰在 521 nm 且强度比较弱，则对应于 ZnO 微米碟的近带边发光强度增强一点且缺陷光明显降低。当溅射时间从 45 s 增加到 90 s 时，Au 纳米颗粒的尺寸从 15 nm 增大到 18 nm，其空间分布也变得越来越密集，对应的吸收强度也越来越大，吸收峰从 538 nm 移动到 563 nm，ZnO 微米碟的近带边发光逐渐增强直到最大，同时缺陷发光减弱直到消失。当溅射时间增加到 105 s 时，Au 纳米颗粒团聚形成准薄膜，光能在其表面反射，这时吸收强度下降，且吸收峰位进一步移到 571 nm，ZnO 微米碟的近带边发光开始减弱。从以上分析可得出这样的结论：纳米颗粒的大小和分布在很大程度上影响了 ZnO 材料的发光强度。

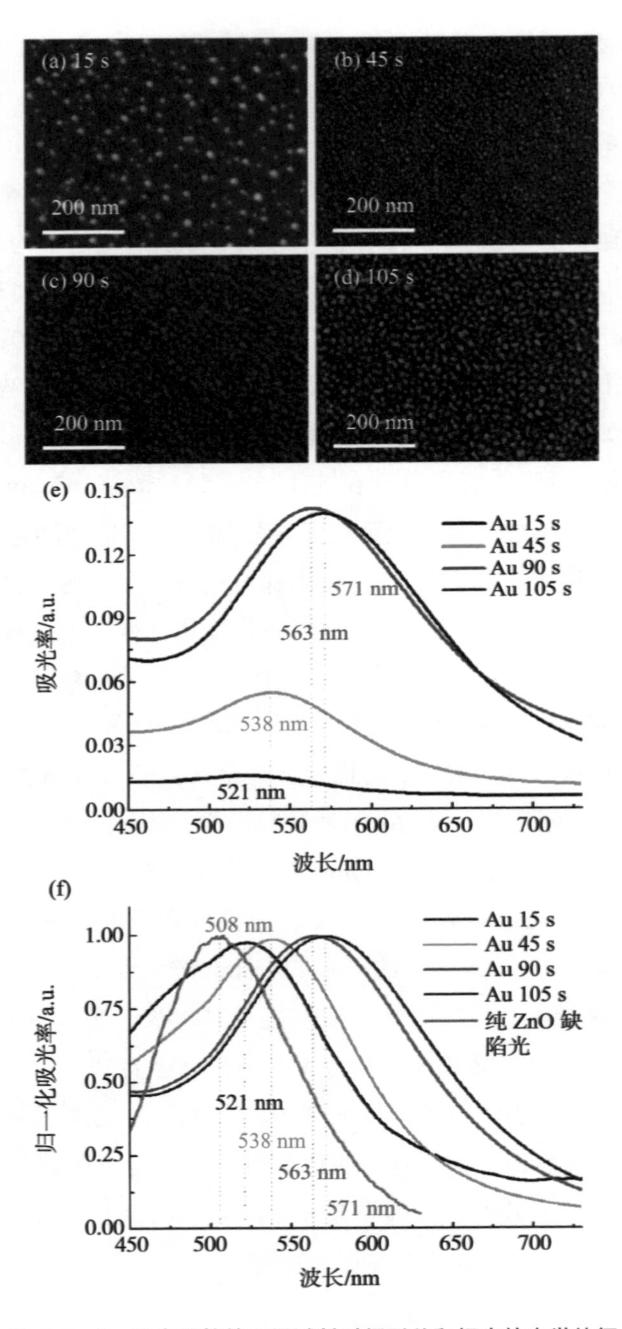

图 3.5　Au 纳米颗粒的不同溅射时间形貌和相应的光学特征

除了 Au 纳米颗粒对 ZnO 材料发光有增强作用，其他贵金属（如 Ag、Pt）对 ZnO 微纳结构复合发光也有一定的作用。表 3.1 总结归纳了不同贵金属材料与 ZnO 微纳结构的复合增强发光[5, 23-26]。由此可见，本工作 Au 表面等离激元增强 ZnO 微米碟紫外发光是存在一定的优势的。根据文献报道，Au 纳米颗粒耦合机制不同于 Ag 和 Pt 纳米颗粒的耦合机制，详见第 3.4 小节。

表3.1　不同金属增强ZnO带边辐射对比

金　属	峰　位 /nm	增强倍数	参考文献
Ag	380	3	[23]
	～ 380	11	[24]
Pt	380	12	[25]
	380	～ 14	[5]
Au	378	6	[26]
	387	20	本工作

3.3.2　Au 表面等离激元增强 ZnO 的受激辐射

引入 Au 表面等离激元，ZnO 的辐射复合效率得到了有效提升，本征发光性能也得到了改善。本章将 ZnO 微米碟在酒精中超声分散，取上清液，挑选单个 ZnO 微米碟，构建 Au 纳米颗粒修饰的 ZnO 微米碟复合结构，并实现了紫外受激辐射增强。先对 ZnO 微米碟进行光学性能测试，并利用 325 nm 激光对测试位置进行标记，从而保证后续实验数据的可比性。

从图 3.6（a）中的插图 SEM 可以看出，单个 ZnO 微米碟具有天然完美的六边形结构，表面非常光滑，其直径约 5.3 μm。ZnO 微米碟单晶结构具有较高的折射率和良好的光学品质，保证光在内壁进行全反射，可以用作 WGM 光学微腔。利用 325 nm 飞秒激光和自搭建的微区荧光系统，ZnO 微米碟在不同泵浦功率下的激光辐射光谱如图 3.6（a）所示。当泵浦功率为 1.9 μW 时，一个典型的 ZnO 近带边激子复合自发辐射谱的发光中心位于 389.5 nm，其在微区显微镜下的暗场光学照片如图 3.6（c）所示，呈现出很弱的蓝紫光。当泵浦功率增加至 3.5 μW 时，发光中心区域出现了两个明显的尖峰，尖峰间距约为 1.7 nm，这说明 ZnO 微米碟内有明显的光学共振现象。在光激发下，当 ZnO 导带中的激发态电子数比价带电子数大时，导带电子将会跃迁至价带，形成受激辐射。同时，由于 ZnO 光学微腔的选模作用，可选出满足共振条件的波长，从而使该波长共振增强。其在微区显微镜下的暗场光学照片如图 3.6（d）所示，呈现出比较强的蓝紫光，可以看出光在 ZnO 微米碟内壁进行全反射。当进一步增加泵浦功率至 4.7 μW 时，显现出 3 个清晰的离散发光峰模式，其在微区显微镜下的暗场光学照片如图 3.6（e）所示，蓝紫光也进一步增强，呈现出明显的六边形结构。当泵浦功率从 7.2 μW 增加到 9.3 μW 时，发光峰的模式数不再增加，其发光强度则越来越强。这些辐射峰的半高宽（full width at half-maximum，FWHM）约为 0.407 nm，根据公式 $Q=\lambda/\Delta\lambda$ 可以估算出品质因子约为 955，其中 λ 和 $\Delta\lambda$ 分别为受激辐射峰的中心波长及其半高宽。其暗场光学照片如图 3.6（f）所示，蓝紫光增强到最大。此外，辐射光谱的积分强度随着泵浦功率的增加呈非线性增加，这些特性都说明在 ZnO 微米碟内产生了受激辐射。图 3.6（b）显示了 ZnO 微米碟激光辐射光谱强度与泵浦功率的关系，可以看出其激射阈值在 3.35 μW 左右。当泵浦功率超过阈值时，就会出现 WGM 激光。

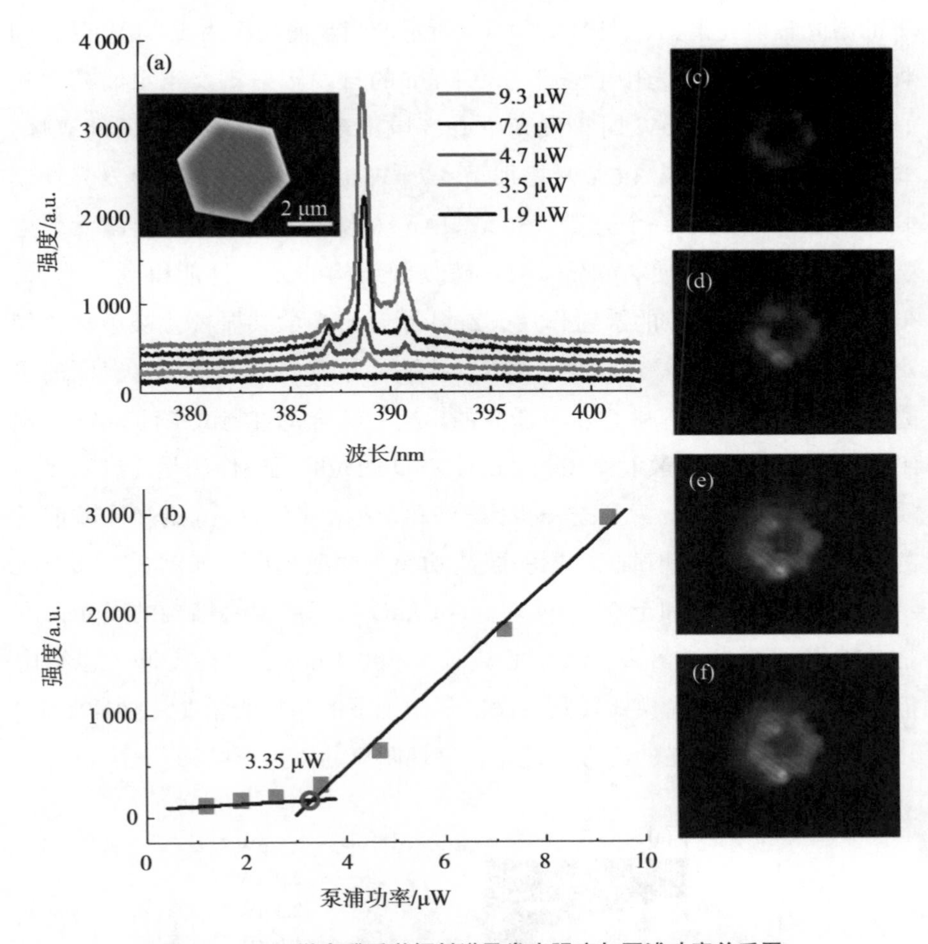

图 3.6　ZnO 微米碟受激辐射谱及发光强度与泵浦功率关系图

（a）ZnO 微米碟受激辐射谱，插图为单个 ZnO 微米碟 SEM 图；（b）ZnO 微米碟发光强度与泵浦功率关系图；（c）～（f）随着激发功率的增加，ZnO 微米碟在微区下的暗场光学照片

利用小型离子溅射仪在单个ZnO微米碟表面溅射Au纳米颗粒，其溅射时间选择最优的90 s，如图3.7（a）插图所示的SEM局部放大图，进一步验证在ZnO微米碟表面成功溅射了Au纳米颗粒，其尺寸约18 nm。在Au/ZnO微米碟复合结构中找到激光标记，并再次利用325 nm飞秒激光在自搭建的微区荧光系统中进行光学性能测试，得到了不同泵浦功率

下的激光辐射光谱图，如图 3.7（a）所示。当泵浦功率为 1.1 μW 时，同样是一个典型的发光中心位于 389.8 nm 的自发辐射谱。当泵浦功率从 1.9 μW 增加至 2.8 μW 时，发光中心区域出现了两个不太明显的双峰。当泵浦功率进一步从 3.6 μW 增加至 4.7 μW 时，虽显现出 3 个发光峰模式，但已然形成了一个光谱大包络。Au 纳米颗粒的表面等离激元效应造成的发光增强，使 Au/ZnO 微米碟复合结构的光学性能得到了改善；但由于 Au 纳米颗粒的散射作用，ZnO 原有的光学共振模式被破坏，使 ZnO 的激光品质变差。同时，由于 Au 纳米颗粒的引入，ZnO 表面的透光性发生变化，这不利于 ZnO 激光的出射。综合垂直测试条件和 ZnO 水平振动模式，Au 的散射作用和 Au 对 ZnO 透光的阻碍作用是造成激光品质下降的主要原因。为了进一步比较 ZnO 微米碟溅射 Au 纳米颗粒前后的发光是否增强，测试了在同一泵浦功率下的激光谱，如图 3.7（b）所示。当泵浦功率增加至 9.3 μW 时，Au/ZnO 微米碟复合结构的发光强度是 ZnO 微米碟的 2 倍多，其中心波长在 390.3 nm 处，在光谱大包络中仍可以看出几个激光模式。其在微区显微镜下的暗场光学照片如插图 3.7（b）所示，发出很强的近带边发光，呈现明显的六边形结构。

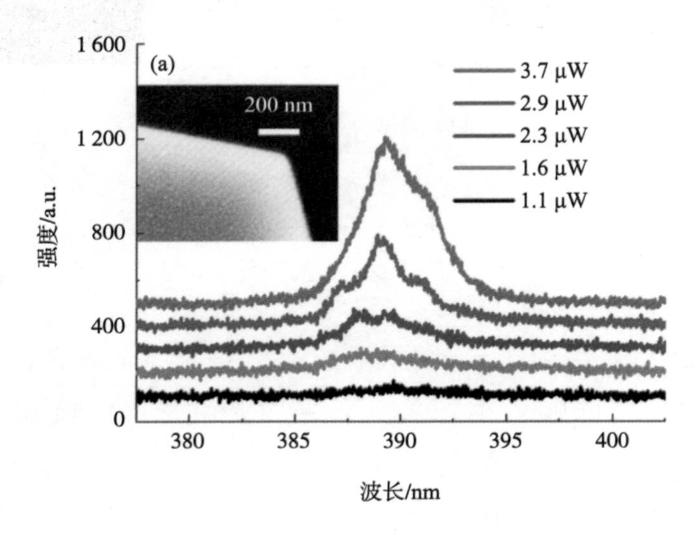

图 3.7　单个 Au/ZnO 微米碟复合结构受激辐射谱及其在 9.3 μW 时的发光谱

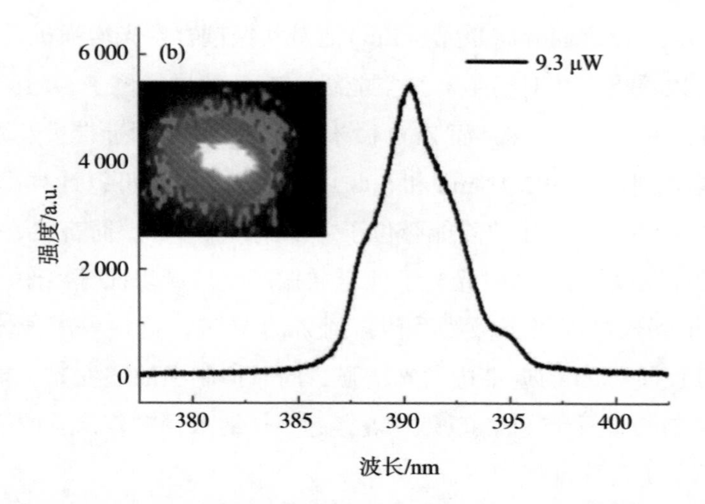

图 3.7　单个 Au/ZnO 微米碟复合结构受激辐射谱及其在 9.3 μW 时的发光谱（续）

（a）单个 Au/ZnO 微米碟复合结构受激辐射谱，插图为单个 Au/ZnO 微米碟 SEM 局部放大图；（b）ZnO 微米碟在 9.3 μW 时的发光谱，插图为 ZnO 微米碟在此泵浦功率下的微区暗场光学照片

3.4　Au 表面等离激元耦合 ZnO 发光机理

为了解释 Au 纳米颗粒的表面等离激元增强效应并分析其潜在的增强机理，结合 Au 纳米颗粒不同溅射时间的紫外可见吸收光谱，发现 Au 纳米颗粒吸收峰与 ZnO 缺陷发光峰位相近，这为 Au 表面等离激元耦合增强 ZnO 紫外发光提供了重要的理论基础。根据文献报道，ZnO 的缺陷发光主要是由深能级的电子跃迁至价带能级的复合发光[3, 5, 27]，在 Au 纳米颗粒修饰后，缺陷光减弱甚至几乎消失，也就是说，Au 的表面等离激元和 ZnO 缺陷发光之间必然会发生能量共振耦合，Au 纳米颗粒可以吸收 ZnO 的可见光光子能量，从而激发 Au 的电子到更高能级态。因此，能量转移是抑制缺陷能级发光的主要原因。在能量共振耦合过程的辅助下，高能量的电子转移到 ZnO 导带，从而导致 ZnO 近带边发光增强。

图3.8给出了Au表面等离激元与ZnO能量共振耦合发光增强机理示意图。从图中可以看出，相对于绝对真空能级，ZnO 的导带位于 –4.19 eV，Au 的费米能级位于 –5.1 eV，而 ZnO 微米碟在图 3.4 中的近带边发光峰和缺陷发光峰分别位于 392.48 nm 和 508.12 nm 处，由此可以计算出 ZnO 的价带位于 –7.35 eV，而缺陷能级位于 –4.91 eV[3, 28–30]。简言之，Au 纳米颗粒吸收了 ZnO 的缺陷发光光子能量共振产生局域表面等离激元，激发 Au 的电子到较高能级态，然后转移到 ZnO 导带，这种等离子体辅助电子转移过程使 ZnO 的近带边发光增强，同时抑制了缺陷发光。本课题组也报道过 ZnO 量子点与 ZnO 微米花经过 Au 纳米颗粒修饰后的表面等离激元辅助电子转移过程[31–32]。

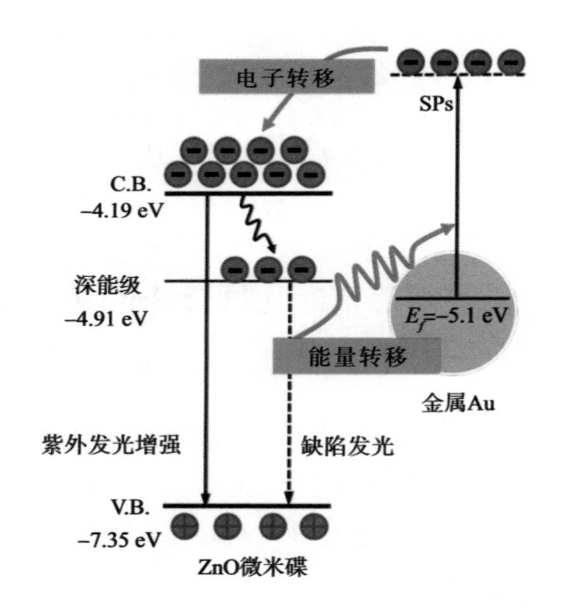

图 3.8 Au 表面等离激元增强 ZnO 发光机理示意图

结合图 3.8 与图 3.5 进行分析，得出以下几个 ZnO 发光增强的因素：① Au 纳米颗粒的吸收光谱和 ZnO 缺陷发光光谱之间的重叠程度，这表明与耦合效率有关；② Au 纳米颗粒的吸收强度，这说明与耦合强度有关；③ Au 纳米颗粒的形貌与空间分布，从而影响了由热点效应引起的

局域场增强[33-34]。随着 Au 纳米颗粒从 0 s 到 90 s 溅射时间的增加，Au 纳米粒子的吸收率逐渐增加，其与 ZnO 缺陷发光的光谱重叠程度依次减少，两者相互影响。当溅射时间为 90 s 时，ZnO 微米碟的缺陷发光峰在 508.12 nm，Au 纳米颗粒的吸收峰在 563 nm 左右，虽然耦合效率之间存在一些偏差，但 Au 纳米颗粒分布相对密集，局域场增强，且具有最高的吸收率。因此，Au 纳米颗粒的自由电子能被有效激发到更高能量态，然后转移到 ZnO 的导带中，从而增强了 ZnO 的紫外发光。当 Au 溅射时间增加到 105 s 时，Au 纳米颗粒逐渐聚集并增强了激发光的反射和散射，使吸收减弱，阻碍了光的出射，导致耦合强度和局部场强减弱，从而使 ZnO 发光减弱。

通过德国 Optronis GmbH SC-10 型条纹相机系统来测定 ZnO 修饰 Au 前后的荧光寿命，可以给出 Au 表面等离激元与 ZnO 激子之间耦合的能量转移和电子转移的直接证据。利用条纹相机系统得到的时间分辨光谱（TRPL）如图 3.9 所示。其测量结果经过衰减函数进行拟合，可得出激子衰减寿命，公式如下：

$$I(t)=I_0\exp(-t/\tau) \tag{3-1}$$

其中，I_0 是归一化常数。经拟合，可以得到 ZnO 和 Au/ZnO 的紫外荧光平均寿命 τ 分别为 515 ps 和 283 ps。结果表明，Au/ZnO 的激子寿命变长，证明 Au 表面等离激元与 ZnO 激子之间存在电子转移。一般来说，半导体中的激子通常以辐射复合和非辐射复合两种复合方式存在。所以对于纯 ZnO 样品，紫外荧光衰减寿命（τ_{ZnO}）为

$$\frac{1}{\tau_{ZnO}}=\frac{1}{\tau_{NR}}+\frac{1}{\tau_{R}} \tag{3-2}$$

其中，τ_{NR} 和 τ_{R} 分别表示修饰金属铝纳米颗粒之前 ZnO 中激子非辐射跃迁和辐射跃迁衰减寿命[26, 35-36]。然而，修饰 Au 纳米颗粒后，ZnO 非辐射跃迁直接激发 Au 纳米颗粒的表面等离激元到更高能级态，然后转移

到 ZnO 导带，这部分热电子再次产生 ZnO 激子复合过程，因而延长了 Au/ZnO 紫外荧光的衰减寿命。

结合时间分辨光谱、紫外可见吸收谱和紫外发光 PL 谱的测试结果，可以推测 ZnO 紫外发光增强存在 Au 表面等离激元增强 ZnO 近带边发光且抑制缺陷发光的两个物理过程。第一，随着 Au 纳米颗粒溅射时间的增加，ZnO 缺陷发光被明显抑制甚至消失，这可以归因于 Au 纳米颗粒对缺陷光的吸收，即能量转移。Au 纳米颗粒的共振吸收峰红移使 ZnO 缺陷态跃迁辐射出的光子更多地被 Au 吸收，从而激发 Au 的表面等离激元。第二，ZnO 近带边发光的增强主要归因于 Au 表面等离激元转移到 ZnO 的导带并与 ZnO 本征自由激子间的直接共振耦合。随着 Au 纳米颗粒溅射时间的增加，Au/ZnO 的紫外发光强度逐渐增强；当溅射时间为 90 s 时，其紫外发光强度达到最大，增强了近 20 倍；随着溅射时间的进一步增加，Au 纳米颗粒的粒径变大并开始团聚成准薄膜，增强了激发光的反射和散射，使吸收减弱，阻碍了光的出射，导致耦合强度和局部场强减弱，从而导致 ZnO 的发光减弱。因此，随着 Au 纳米颗粒溅射时间的增加，ZnO 近带边发光与缺陷发光的强度之比（I_{NBE}/I_{Defect}）先逐渐增加到最大，再逐渐减小。

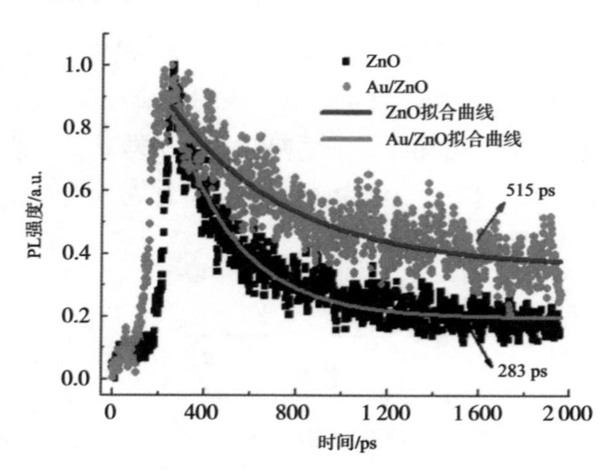

图 3.9　修饰 Au 纳米颗粒前后时间分辨光谱图

为了验证以上电子转移机制的存在，利用磁控溅射系统在 ZnO 微米碟表面溅射了一层 SiO_2 隔离层，通过溅射时间的优化，选择溅射了 60 s 的 SiO_2，然后再利用小型离子溅射仪溅射了 90 s 的 Au 纳米颗粒，构建一个 ZnO/SiO_2/Au 的复合结构，其紫外光谱如图 3.10 所示。从图中可以看出，随着 Au 纳米颗粒溅射时间的增加，ZnO 的发光强度逐渐衰减。一方面，由于 SiO_2 隔离层阻碍了 Au 纳米颗粒的表面等离激元转移至 ZnO 导带；另一方面，Au 纳米颗粒也会有一定的欧姆损耗和散射作用，从而导致 ZnO/SiO_2/Au 复合结构的紫外发光发生衰减。这也证明在没有 SiO_2 隔离层的复合结构中存在电子转移机制。

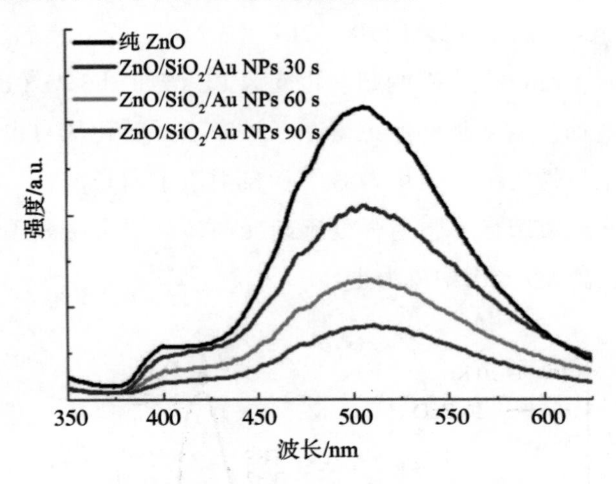

图 3.10　ZnO/SiO_2/Au NPs 的 PL 谱

3.5　Au 表面等离激元引入 B-M 效应 ZnO 激子发光动力学过程

为了进一步探讨金属表面等离激元和 ZnO 激子发光之间的耦合机理，本节利用美国 Janis Research Company Inc. 生产的 CCS-900 低温恒温系统对 ZnO 微米碟和不同溅射时间的 Au/ZnO 复合结构分别进行了变温 PL 谱测试。在 10 K 下，ZnO 微米碟的 PL 谱如图 3.11（a）所示。从图中可以清晰地看到 PL 谱中分别标记的中性施主束缚激子（D^0X）、自由激子（FX）以及它们的声子伴线辐射峰。其中，位于 3.354 eV 的主峰对应于束缚激子辐射，位于 3.372 eV 的肩峰对应于自由激辐射子[37-38]，两者对温度的依赖性截然不同。而位于 3.32 eV 的峰对应于 D^0Xs 的双电子卫星峰（TES），其强度很弱[39-40]。根据文献报道，两个纵向光学（LO）声子之间的能量差约为 73 meV[41]。因此，在束缚激子的低能侧，存在另外两个较弱的峰，一个来自一阶束缚激子伴线（D^0X –1LO，3.289 eV），一个来自二阶束缚激子伴线（D^0X –2LO，3.216 eV）。当温度从 10 K 上升到 300 K 时，ZnO 微米碟的归一化变温 PL 谱如图 3.11（b）所示。随着温度逐渐增加，越来越多的束缚激子被激活并转化成自由激子，这完全符合热力学特性。随后，束缚激子和自由激子向长波长一侧移动；随着温度的上升，束缚激子辐射强度逐渐变弱，同时自由激子辐射强度逐渐增加并最终在 PL 光谱中成为主导。

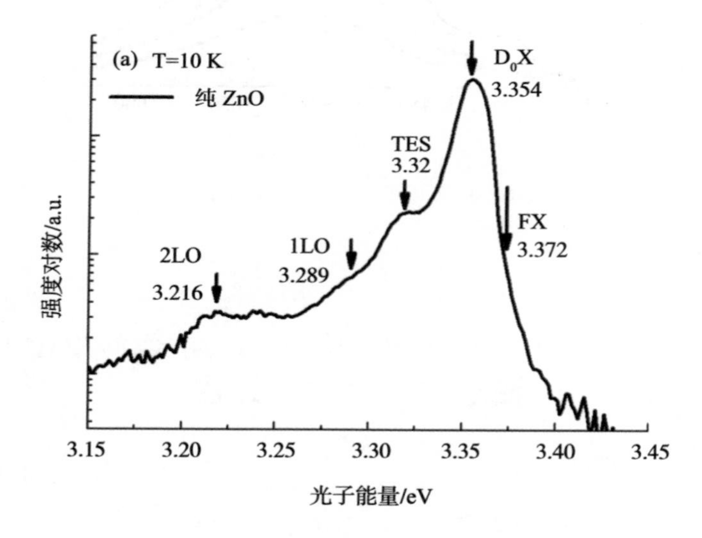

图 3.11　ZnO 微米碟的 10 K PL 谱及其归一化变温光谱

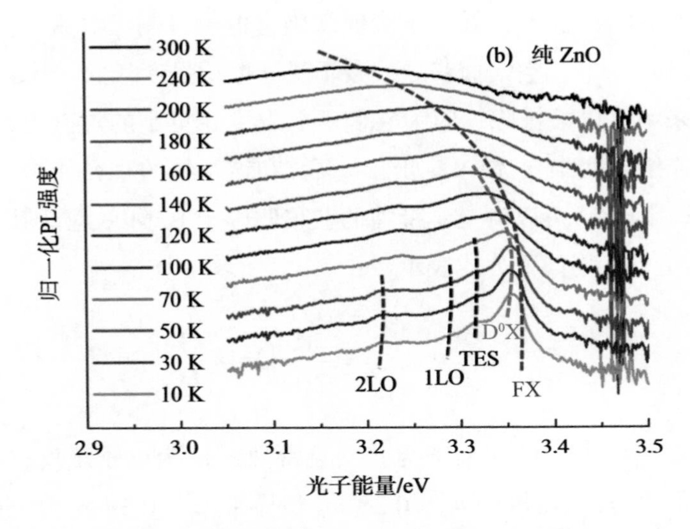

图 3.11　ZnO 微米碟的 10 K PL 谱及其归一化变温光谱（续）

（a）ZnO 微米碟的 10 K PL 谱；（b）ZnO 微米碟归一化变温光谱

修饰 Au 纳米颗粒后，不同溅射时间的 Au/ZnO 复合结构（45 s、90 s 和 105 s）随温度变化的归一化 PL 谱如图 3.12（a）～图 3.12（c）所示。随着温度的升高，其发光强度逐渐减弱，且能量峰值发生红移，这个总的光谱变化趋势与 ZnO 微米碟的相似。从图中可以看出，束缚激子逐渐转为自由激子，随后，自由激子的相对强度明显增加，并最终在室温光致光谱中占主导，在图中已用虚线标记。图 3.12（d）比较了具有代表性的 10 K 温度下 ZnO 微米碟溅射 Au 纳米颗粒前后的 PL 谱。其中，位于 3.356 eV、3.358 eV 和 3.356 eV 的发光峰对应于不同溅射时间的 Au/ZnO 复合结构（45 s、90 s 和 105 s）的束缚激子复合发光。随着 Au 纳米颗粒溅射时间从 0 s 到 45 s 和 90 s，由于辐射复合耦合概率逐渐增大，束缚激子发光强度逐渐增强。随着 Au 纳米颗粒溅射时间进一步增加至 105 s，颗粒开始团聚，导致耦合强度降低，其束缚激子发光强度也随之减小。值得注意的是，比较 ZnO 微米碟从 0 s 到 90 s 的样品，可以发现其光致光谱有 4 meV 的轻微蓝移。其光谱蓝移在 CdS 量子点和纳米线中也曾经被报道过[42-45]，并列出了几个可能的来源：①由于电子填充到导带导致的 B–M 效应 [7–8]；②由于表面缺陷态电子过剩导致激子能量的增加 [46–47]；③由于电子空穴捕获导致激子跃迁振动强度降低 [45, 48]。其中②和③两个来源可以被排除，因为它们一般发生在更小的具有更大比表面积的团簇或纳米线半导体中，如纳米颗粒和纳米线的直径相当于波尔半径～ 3 nm。因此，可以将光学带隙的蓝移归因于 B–M 效应。其 B–M 位移（ Δ_{B-M} ）可以用如下公式表示 [9]：

$$\Delta_{B-M}=\frac{h^2}{2m^*}\left(3\pi^2 n_e\right)^{2/3} \quad (3\text{–}3)$$

其中， $1/m^*=1/m_v^*+1/m_c^*$ ； h 为普朗克常数； n_e 为电子浓度； m^* 为自由电子（ m_0 ）分别在价带 m_v^* =0.25 m_0 和导带 m_c^* =0.59 m_0 中的有效质量 [49–50]。

根据上述方程，B–M 位移随着电子浓度的变化而变化。同时，根据 $n_e=\beta\cdot I_{exc}/h\omega_{exc}$ 方程 [51]，在 159 μJ/cm² 的激发功率下，可以估算出 ZnO 微米碟激发的电子浓度约为 5.088×10^{19} cm⁻³，其中吸收系数 $\beta\approx1.6\times10^5$ cm⁻¹。在 ZnO 表面修饰 Au 纳米颗粒后，表面等离激元辅助电子转移机制使 ZnO 导带中的电子浓度进一步增加，从而产生了 B–M 效应。其他研究组也报道了类似电子浓度的 B–M 效应 [50, 52]。此外，如果在 ZnO 和 Au 纳米颗粒中间溅射一层 SiO_2 介质层，则电子转移被阻断，同时复合结构的发光强度随着 Au 纳米颗粒溅射时间的增加而减少。这也恰恰说明在没有介质层的情况下存在电子转移过程。当溅射时间从 0 s 增加到 90 s 时，在 Au 表面等离激元辅助下，自由电子填充 ZnO 微米碟导带的浓度逐渐增加，导致 ZnO 近带边发光强度逐渐增强及 4 meV 的峰位蓝移。对于 90 s 的样品，Au 表面等离激元的吸收强度和耦合强度都达到最大，则 Au 纳米颗粒自由电子可以被有效激发，然后转移到 ZnO 的导带中，从而导致 B–M 效应增强。随着 Au 的溅射时间从 90 s 增加到 105 s，Au 纳米颗粒开始团聚，其样品相对于 90 s 的样品虽有 2 meV 的轻微红移，但与纯 ZnO 样品相比，仍然表现为 2 meV 的轻微蓝移，从而导致自由电子激发概率降低。所以，填充到 ZnO 微米碟导带中的自由电子浓度降低，从而导致 B-M 效应减弱。此外，在室温下可以观察到从 0 s 到 90 s 的最大蓝移量为 44 meV，在 10 K 时的蓝移量为 4 meV，温度越高蓝移量越多，这主要由两个因素造成：一方面，温度越高，越有利于电子离化到导带浅能级；另一方面，室温下的缺陷能级发光比低温下强，能激发更多的 Au 表面等离激元，从而导致更多的电子转移到 ZnO 导带。

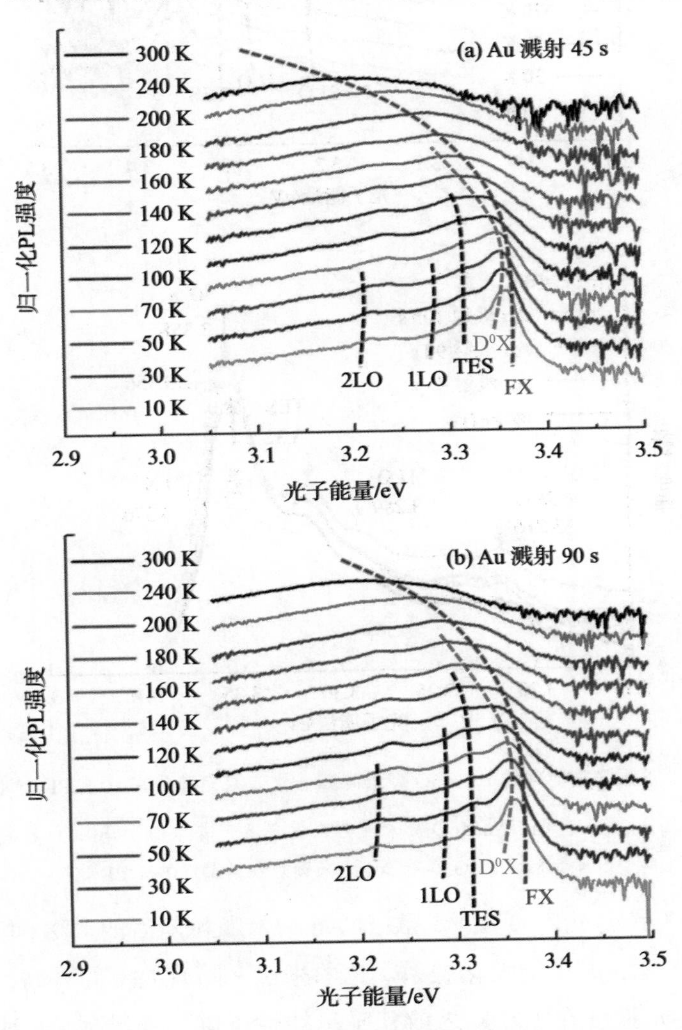

图 3.12　不同溅射时间的 Au/ZnO 微米碟归一化变温光谱及其 10 K PL 谱

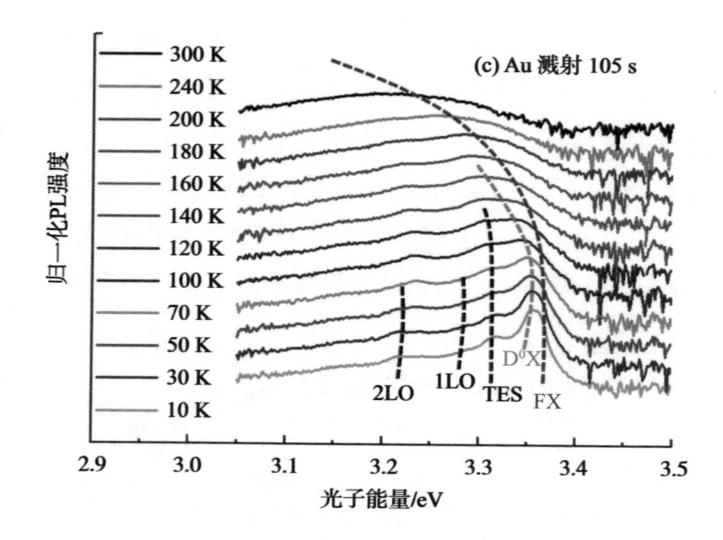

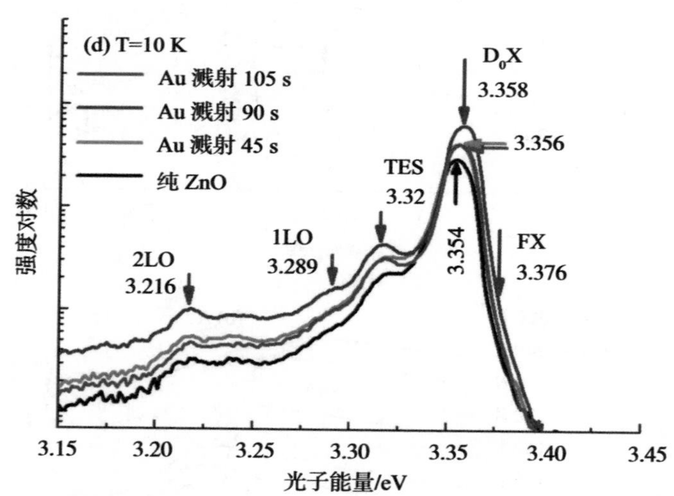

图 3.12　不同溅射时间的 Au/ZnO 微米碟归一化变温光谱及其 10 K PL 谱（续）

（a）～（c）不同溅射时间的 Au/ZnO 微米碟归一化变温光谱：（a）45 s，（b）90 s，（c）105 s；（d）ZnO 溅射 Au 纳米颗粒前后的 10 K PL 谱

图 3.13 展示了 ZnO 微米碟溅射 Au 纳米颗粒前后的 D^0Xs 和 FXs 的激子发光强度随温度的变化关系。总的来说，随着温度的升高，所有样品的 PL 发光强度在 100 K 之前几乎呈线性下降，而溅射 Au 纳米颗粒的样品下降速度更快，尤其是溅射 90 s 的样品下降速度最快。然而，从

100 K 升高到 300 K 时，所有样品的 PL 发光强度则缓慢降低。在 10 K 时，所有样品 D^0Xs 和 FXs 的发光强度随着溅射时间从 0 s 到 90 s 再到 105 s 呈先增加后降低的趋势，与室温下的变化趋势一致。对于纯 ZnO 微米碟，D^0Xs 被热激发后在 140 K 转换为 FXs，如图 3.13（a）所示。对于溅射时间为 45 s、90 s 和 105 s 的样品，其转换温度分别在 160 K、180 K 和 160 K 处，如图 3.13（b）～图 3.13（d）所示。当溅射时间从 45 s 增加到 90 s 时，Au 纳米颗粒的自由电子逐渐增加且 B-M 位移也相对增加，样品的转换温度从 160 K 变到 180 K。这进一步说明，B-M 效应越强，PL 光谱的转换温度越高。随着溅射时间增加到 105 s，B-M 效应变弱，Au 纳米颗粒团聚，其转换温度又回到 160 K。根据室温下热活化能 k_T= 26 meV，20 K 温度变化所对应的能量为 1.73 meV，这与实验观察到的蓝移量 2 meV 比较吻合。

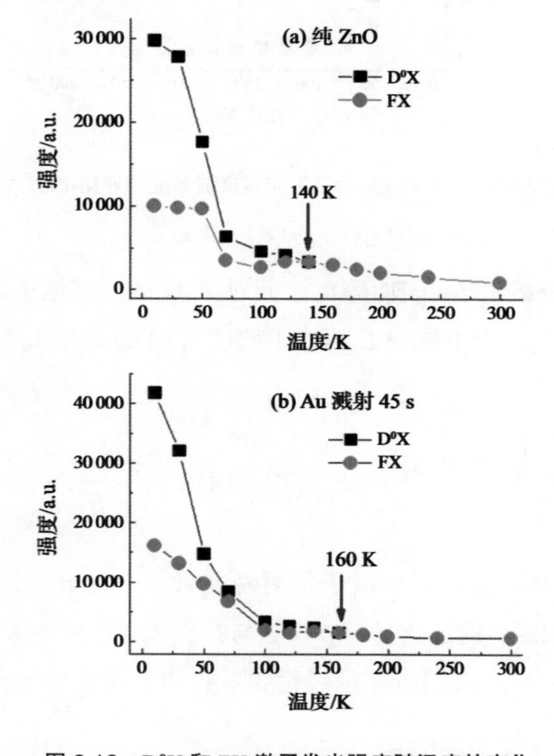

图 3.13　D^0X 和 FX 激子发光强度随温度的变化

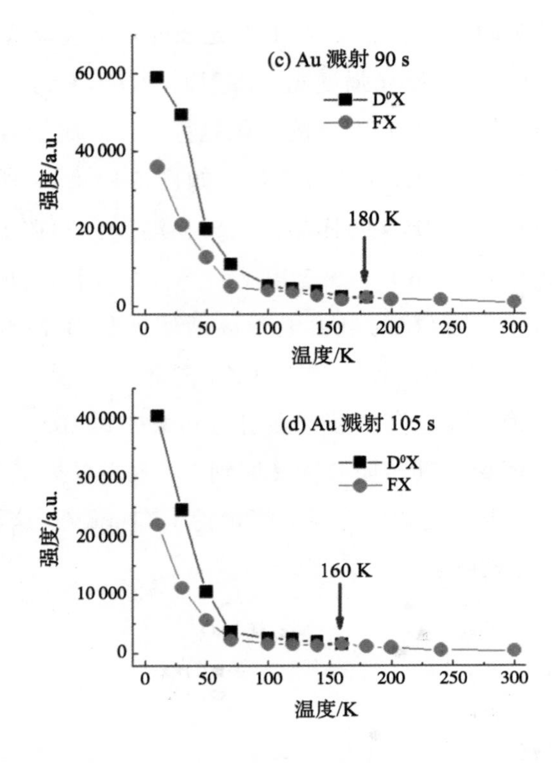

图 3.13 D^0X 和 FX 激子发光强度随温度的变化（续）

（a）ZnO 微米碟；（b）Au/ZnO，45 s；（c）Au/ZnO，90 s；（d）Au/ZnO，105 s

为了深入分析由 Au 表面等离激元对 ZnO 微米碟激子的辐射所带来的影响，把其自由激子能量 $E_{FX}(T)$ 随温度 (T) 的变化关系利用 Varshni 公式进行拟合 [53–54]：

$$E_{FX}(T)=E(0)-\frac{\alpha T^2}{T+\beta}, \qquad (3-4)$$

其中，$E(0)$ 为 0 K 时的自由激子辐射峰能量；α 和 β 均为 Varshni 热系数（α 表示带隙随 T 的变化量，β 表示与材料德拜温度相关的常数）。当 T 远远大于 β 时，$E_{FX}(T)$ 与 T 呈线性关系；当 T 远远小于 β 时，$E_{FX}(T)$ 与 T 呈二次方关系。

如图 3.14 所示，Varshni 拟合曲线显示其拟合结果与实验数据非常吻合。当温度为 0 K 时，ZnO 微米碟的自由激子能量为 3.375 9 eV，与 ZnO 体材料 3.37 eV 的带隙相吻合，且 α 和 β 分别为 1.18×10^{-3} eV/K 和 257 K。引入 Au 表面等离激元效应后，Au/ZnO 复合结构（45 s、90 s 和 105 s）的 Varshni 热系数 α 和 β 降低，归纳总结后如表 3.2 所示。Au 表面等离激元的引入不仅增强了激子与声子之间的相互作用，还加剧了其晶格振动，从而导致复合结构中的能量降低，减缓了因温度降低引起的蓝移，参数 α 随之减小。同时，由于晶格振动加剧而引起的系统能量损耗同样会引起键与键之间结合能的减弱，从而导致德拜温度降低，使参数 β 也随之下降。

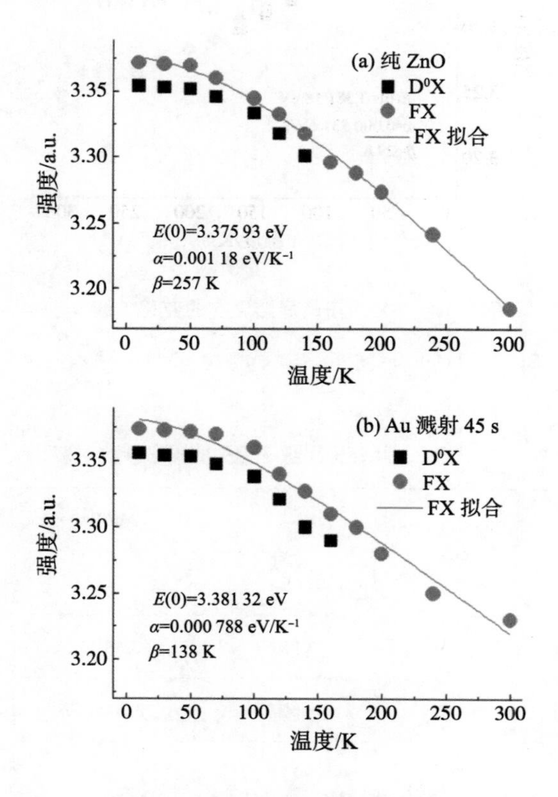

图 3.14　FX 激子能量随温度的变化

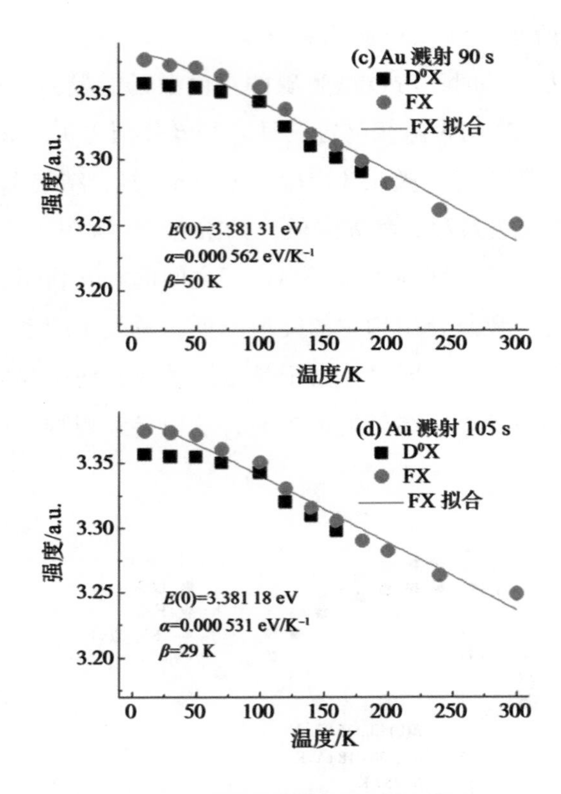

图 3.14 FX 激子能量随温度的变化（续）

（a）纯 ZnO 微米碟；（b）Au/ZnO，45 s；（c）Au/ZnO，90 s；（d）Au/ZnO，105 s

表3.2 两种样品激子相关的光学参数

光学参数	纯 ZnO	Au/ZnO		
		45 s	90 s	105 s
E（0）/eV	3.375 9	3.381 3	3.381 32	3.381 2
α/（me・VK^{-1}）	0.001 18	0.000 788	0.000 562	0.000 531
β/K	257	138	50	29

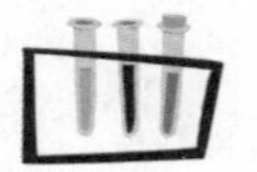

3.6　本章小结

本章利用 CVD 法制备了纤锌矿结构 ZnO 微米碟，并利用小型离子溅射仪引入 Au 表面等离激元效应，通过 Au 纳米颗粒表面等离激元增强 ZnO 微米碟的紫外发光，且其发光增强与蓝移可以归因于热电子填充 ZnO 导带并导致 B-M 效应增强，即表面等离激元辅助电子转移机制。利用时间分辨光谱、紫外可见吸收谱和紫外发光 PL 谱，具体分析了 Au 表面等离激元增强 ZnO 近带边发光且抑制缺陷发光的两个物理过程，并提出了 Au 与 ZnO 的耦合机制。同时，利用变温光谱技术，系统测量了纯 ZnO 微米碟与 Au/ZnO 复合结构（45 s、90 s 和 105 s）随温度变化的 PL 特性，证实激子发光增强和光谱蓝移均由 Au 表面等离激元与激子耦合相关的 B-M 效应引起。进一步结合晶格振动理论，系统分析了由于 Au 表面等离激元的引入造成的复合结构中的激子、光子和声子等之间的相互作用及其动力学过程。

第 4 章 石墨烯 /Al 表面等离激元协同耦合增强 ZnO 紫外激光

4.1　研究背景

ZnO 作为一种具有 3.37 eV 的宽直接带隙、60 meV 的高激子束缚能半导体材料，很容易获得紫外激光，并适合用于制备室温甚至更高温度下的高效受激发射器件。近年来，ZnO 半导体材料的紫外光电特性，尤其是激光特性一直备受国内外研究学者的关注[1-2]。尽管 ZnO 微米棒、纳米线等具有天然的六边形截面结构，有利于形成 WGM 激光，但其光学损耗也是不可避免的。那么，如何减少微腔的光学损耗、降低激射阈值并提高激光的强度及品质因子，就成为一个很有意义的研究课题。

金属纳米颗粒表面的自由电子集体共振能够将光场能量高度局域于表面，并表现出极强的近场增强特性。为了提高 ZnO 材料的自发辐射和受激辐射，大量研究学者一直致力于金属表面等离激元与 ZnO 复合微纳结构的紫外发光研究。Lin 等人[3]在用 ZnO 微米花修饰 Au 纳米颗粒后，发现其紫外发光增强了 65 倍左右；Zhang 等人[4]在一个 *n*-ZnO/AlN/p-GaN 的异质结发光二极管中插入一层 Ag 纳米颗粒后观察到其电致发光得到了增强。光场有效限域是提高激光性能的一种基本方法，在 WGM 光学微腔表面修饰表面等离子体材料后能提高其耦合效率，其中 WGM 微腔使入射光在其内壁进行全反射，并将光场局域在微腔表面，同时表面等离子体材料产生的电子集体震荡波也局域于材料表面，两者在空间上实现高效耦合，从而产生高效激发，并增强发光。本课题组先前的研究结果证明，在 ZnO 微米棒上修饰 Al 纳米颗粒后，其自发辐射增强了 170 多倍[5]，且单根 Al/ZnO 微米棒的受激辐射也得到了 10 多倍的增强[6]。同时，ZnO 微米管与 Au 纳米颗粒复合结构的激光增强了 11

倍[7]。与此同时，其他研究小组也发现，使用 Pt 纳米颗粒可以极大地提高 ZnO 纳米棒的近带边发光[8]。

除了金属，石墨烯也是一种具有表面等离子体响应的材料。石墨烯类金属的特点同样使其具有表面等离子特性，而且石墨烯表面等离子体可以通过掺杂及电压调控等方式进行调节，具有更广泛的应用前景。近年来，石墨烯表面等离激元已经成为一个热点话题。作为一项代表性的研究，Huang 等人[9]在石墨烯 /ZnO 体系中展示了一种 SP 色散关系，并证明了它的重要性，即由于异常增加的紫外吸收，导致石墨烯表面等离激元响应与 ZnO 近带边发光波长满足共振条件时，引起 ZnO 发光增强。在 Despoja 等人[10]的理论计算和 Eberlein 等人[11]的实验测试中的结果表明，石墨烯在 4.5 eV 左右有一个很明显的电子激发带，并清楚指出了由于 π 电子振动而在紫外线区产生的 SP 响应。Li 等人[12]也观察到在石墨烯 /ZnO 微米棒中具有明显的光场限域效应和 PL 增强，并进一步在 ZnO 亚微米结构中获得了单模激光，石墨烯表面等离激元使单模激光得到增强，品质因子也进一步提高[13]。

利用金属、石墨烯材料的高度光场限域和近场增强特性，能够有效提升 ZnO 材料的本征发光效率，并设计和构建基于半导体材料复合金属纳米结构和石墨烯的新型光电子器件。单层石墨烯不仅提供了一个载流子传输的理想通道，也是金属纳米颗粒的载体。这为结合石墨烯和金属纳米颗粒的表面等离激元协同效应提供了一个有效的方法，并进一步提高 ZnO 激光性能。到目前为止，很少有人报道关于 SP 的协同作用，并缺乏对其耦合过程的深入理解。最近，Liu 等人[14]报道了在单层石墨烯 /Au-NPs/ZnO 微米线复合结构中，ZnO 的 PL 发光性能增强了 3 倍，Au 纳米颗粒具有使 ZnO 微米线表面粗化的作用。为此，本章构思将金属 Al 和石墨烯同时引入 ZnO 微腔中，构成 graphene/Al-NPs/ZnO（GAZ）的复合 WGM 微腔，并系统研究了其自发辐射和受激辐射增强的过程。这里选择金属 Al 是因为 Al 在紫外区有负的介电常数，所以它比 Au 和 Ag 纳米颗粒具有更好的表面等离子体响应[15]。因此，在 GAZ 复合结构

中，Al 纳米颗粒不仅使 ZnO 微米棒表面粗化，其局域表面等离激元也与 ZnO 紫外发光非常匹配。这时，由于表面等离激元的 SP 协同耦合作用，GAZ复合结构的发光强度增强，激射阈值降低，激发品质提升，如图4.1 所示。这些结果对基于复杂 SP 材料体系的光学和光电器件的设计具有重要的参考价值。

图 4.1　石墨烯 /Al 纳米颗粒协同耦合增强 ZnO 微米棒受激辐射示意图

4.2　石墨烯 /Al/ZnO 复合微腔的制备

通过第 2 章介绍的简单气相传输法在 Si 片衬底上制备了纤锌矿结构的 ZnO 微米棒 [16–18]。从微米棒阵列中分别用弯头镊子挑选出合适的单根 ZnO 微米棒，并用导电胶固定在一个干净的 Si 衬底上待用。利用磁控溅射系统在之前挑选的单根 ZnO 上溅射 Al 纳米颗粒，其 Al 靶纯度为 99.99%，溅射气压为 2 Pa，溅射功率为 100 W，溅射气氛为 Ar 气流 50 sccm。纳米颗粒的空间分布密度和尺寸会影响其耦合效率，这在之前的报道中已经进行了系统分析与讨论[5-6]，所以，本章实验采用优化过的 Al 溅射 150 s。利用 CVD 法合成制备了单层石墨烯，具体如第 2 章介绍的石墨烯制备方法[19]。为了具体探讨 Al 纳米颗粒和石墨烯对 ZnO 激光性能的影响，如图 4.2 所示，设计和构建了三种复合微腔及其相应截图的示意图。图 4.2（a）显示了在 Si 衬底上的单根纯纤锌矿结构的 ZnO 微米棒，这是一个典型的六边形 WGM 微腔，在 325 nm 的飞秒激光激发下，在六边形 ZnO 中发生多重全反射，其光被局域在微腔表面传播，如其截面示意图所示，最终形成了 WGM 激光。然后在单根 ZnO 微米棒表面溅射 Al 纳米颗粒，构成了如图 4.2（b）所示的 Al/ZnO 复合微腔，其截面示意图说明溅射 Al 纳米颗粒后 ZnO 受激辐射增强。根据本课题组之前的报道，由于 Al 纳米颗粒的吸收峰与 ZnO 紫外发光峰相近，在紫外光激发下，Al 纳米颗粒的表面等离激元被激发，使 ZnO 激子与 Al 纳米颗粒局域表面等离激元之间直接共振耦合导致 ZnO 受激辐射增强[5-6]。最后，在 Al/ZnO 复合微腔表面转移单层石墨烯，构成如图 4.2（b）所示的石墨烯 /Al/ZnO 复合微腔结构，其截面示意图进一步说明 ZnO 受激辐射得到了显著增强，这是由石墨烯 /Al 的表面等离激元与 ZnO 激子之间的协同耦合作用导致的[5-6, 20-21]，其中涉及的物理学原理将在后续章节中进行深入讨论。

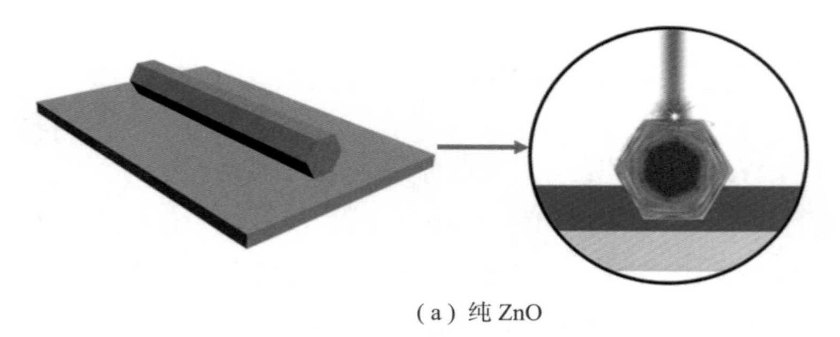

（a）纯 ZnO

图 4.2　三种复合微腔的构建及截面图

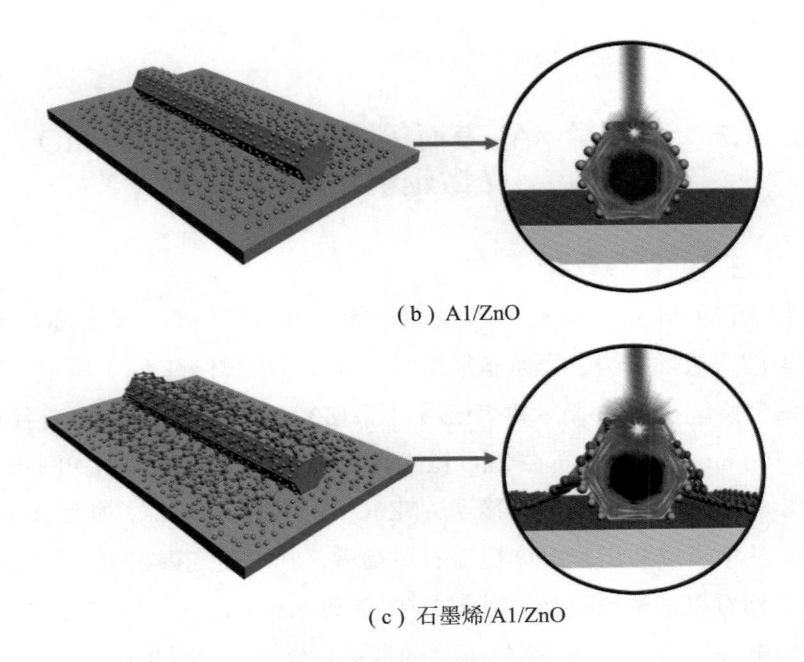

(b) Al/ZnO

(c) 石墨烯/Al/ZnO

图 4.2　三种复合微腔的构建及截面图（续）

（a）纯 ZnO；（b）Al/ZnO；（c）石墨烯 /Al/ZnO 三种复合微腔的构建及截面图

通过场发射扫描电子显微镜（FESEM）对以上样品进行形貌表征，同时配备有 X 射线能谱仪（EDS）进行元素 mapping 表征。利用 514.4 nm 微区拉曼系统（Lab RAM HR 800）进行拉曼表征。通过紫外可见分光光度计（SHIMADZU UV–2600）测定在石英衬底上的 Al 纳米颗粒及相关样品的吸收谱。为了测试 ZnO 微米棒的光学特性，用自搭建的微区荧光系统探测样品的受激辐射光谱，配置 40 倍紫外物镜和微动平台的 BX53 型正置显微镜，可以实现样品微小区域的激发与探测。其中，激发光源为美国相干公司生产的 Libra–F–HE 型飞秒激光器（1 000 Hz，800 nm）泵浦 OperA Solo 型光学参量放大器所得的 325 nm 飞秒激光，激光脉冲宽度小于 100 fs，重复频率为 1 000 Hz。通过光纤收集发光信号并耦合到一个光学多道分析仪（OMA）系统的电荷耦合器件阵列探测器中。以上所有实验均是在室温下进行的。

4.3 石墨烯 /Al 表面等离激元协同耦合 ZnO 受激辐射增强

作为 WGM 光学微腔的 ZnO 微米棒，其直径约为 9.872 μm，截面为典型的六边形结构，表面非常光滑，SEM 如插图 4.3（a）所示。利用磁控溅射系统在 ZnO 微米棒表面溅射了 150 s 的 Al 纳米颗粒，直径约为 60 ～ 100 nm 并均匀分布在 ZnO 微米棒表面，其 SEM 放大图如图 4.3(a）所示。然后将单层石墨烯转移到 Al/ZnO 复合微米棒表面，如图 4.3（b）所示。从中可以看出，ZnO 覆盖石墨烯后，其表面变得粗糙，并可以清晰地看到石墨烯褶皱结构。其 EDS 图谱和 mapping 图证明了在 GAZ 复合结构中，Si、O、Zn、C 和 Al 元素的存在与分布，如图 4.3（c）～图 4.3（i）所示。元素面扫描分布图进一步说明 Zn 和 O 元素分布均匀并能清晰地分辨出 ZnO 微米棒的轮廓，同时 C 和 Al 元素也均匀分布在 GAZ 复合结构表面。

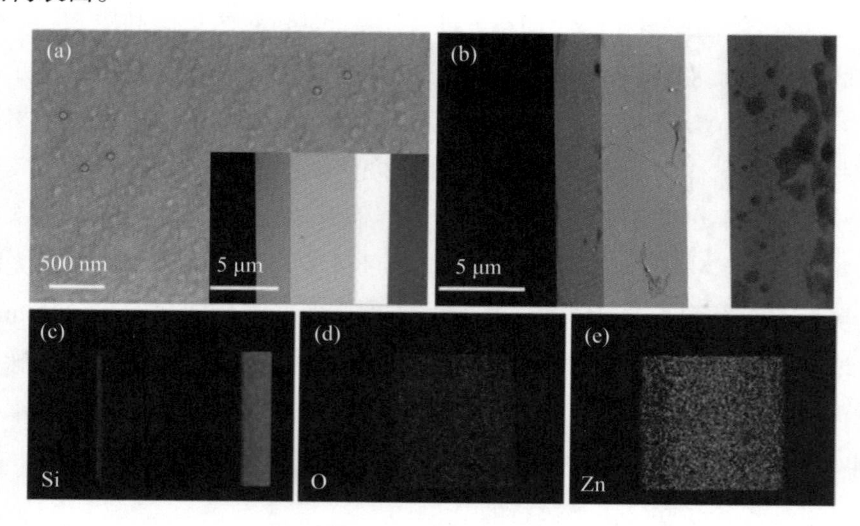

图 4.3　150 s Al 纳米颗粒和 Graphene/Al/ZnO 复合结构 SEM 及 EDS 表征

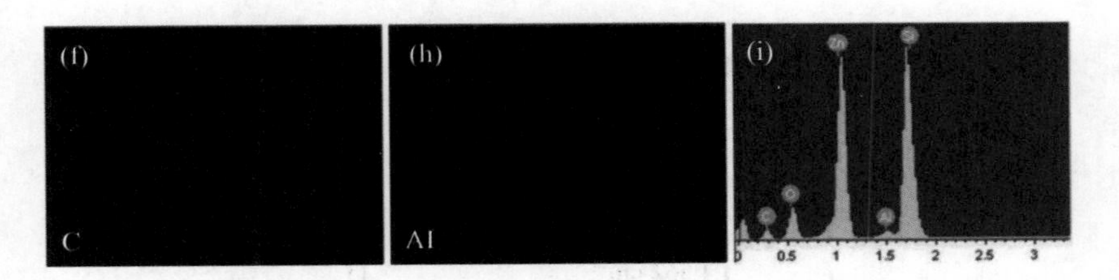

图 4.3　150 s Al 纳米颗粒和 Graphene/Al/ZnO 复合结构 SEM 及 EDS 表征（续）

（a）150 s Al 纳米颗粒 SEM 图，插图为单根 ZnO 微米棒；（b）石墨烯 /Al/ZnO 复合结构 SEM 图；（c）～（h）Si、O、Zn、C、Al 元素面扫描图；（i）石墨烯 /Al/ZnO 复合结构 EDS 图

利用 514.4 nm 微区拉曼系统（Lab RAM HR 800）测试 ZnO 微米棒和石墨烯的典型拉曼光谱，如图 4.4 所示。其中，ZnO 微米棒在 436 cm^{-1} 处出现了一个较强的非极性光学声子 E_{2H} 模式的拉曼峰 [22]，这是纤锌矿结构 ZnO 的特征拉曼峰 [23]，如图 4.4（a）所示。另一个相对较弱的峰在 374 cm^{-1} 处，这是一个与 ZnO 缺陷有关的 A_{1TO} 模式 [22, 24]。ZnO 的拉曼光谱表明 ZnO 微米棒具有良好的结晶性能。同时，利用 CVD 方法合成了单层石墨烯，并采用拉曼光谱手段表征其质量 [25]，如图 4.4（b）所示。石墨烯拉曼光谱非常清楚地显示了两个拉曼特征峰，G 峰和 2D 峰分别在 1 562 cm^{-1} 和 2 674 cm^{-1} 处，它们的强度之比 I_{2D}/I_G >2，进一步说明石墨烯是单层结构，且质量很好 [25-26]。

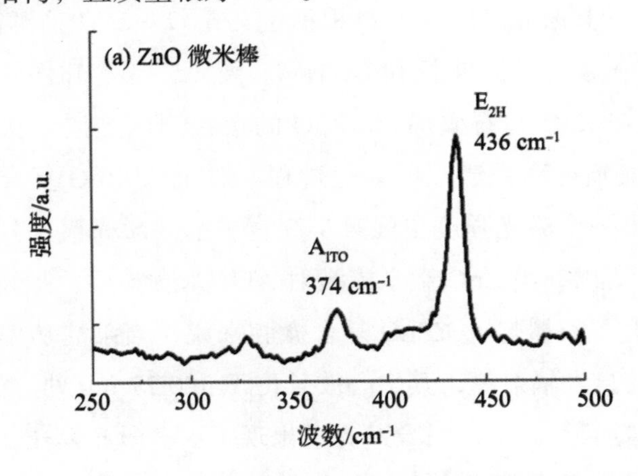

图 4.4　ZnO 微米棒和 Graphene 的拉曼光谱

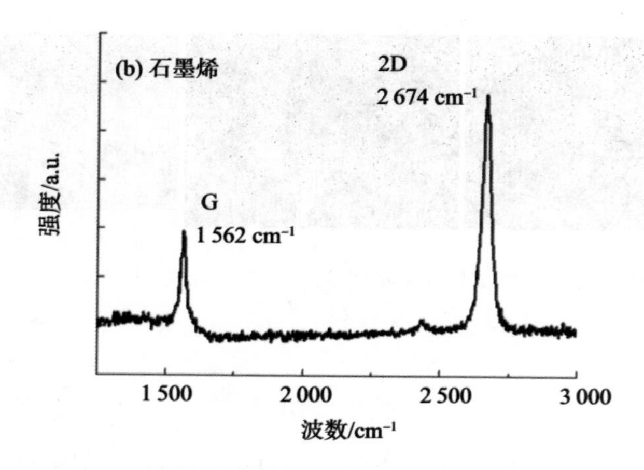

图 4.4　ZnO 微米棒和 Graphene 的拉曼光谱（续）

（a）ZnO 微米棒；（b）石墨烯样品的拉曼光谱

为了研究三种类型的 ZnO 复合微腔光学特性，在室温下进行微区光谱测量。从整体上看，每一个样品都表现出自发辐射逐渐演变成受激辐射，如图 4.5 所示。对于纯 ZnO 微米棒样品，在一个 2.7 μW 的低功率下，其激光谱显示了一个比较弱的自发辐射峰，其中心波长在 390.11 nm 处，其放大图如图 4.5（a）插图所示。当泵浦功率达到 4.8 μW 时，光谱中出现了几个比较尖的峰。随着泵浦功率逐渐增加到 8.6 μW，光谱中出现了 7 个很清晰且半高宽为 0.147 nm 的激光模式，其最强共振峰位于 390.12 nm 处，其激光品质因子 Q 根据定义式 $Q = \lambda/\Delta\lambda$ 估算得 2 654，其中，λ 和 $\Delta\lambda$ 分别是峰值波长和 FWHM。图 4.5（b）和图 4.5（c）分别是复合微腔 Al/ZnO 和石墨烯 /Al/ZnO 的激光测试光谱，从图中可以看出相似的自发辐射和受激辐射变化过程。对于 Al/ZnO 复合微腔样品来说，它显示出一个激光强度更强且半高宽更窄的激光谱，其品质因子提高至 2 931。所以，当 ZnO 微米棒溅射 Al 纳米颗粒后，激光性能得到了明显改善。对于石墨烯 /Al/ZnO 复合微腔来说，当泵浦功率很弱时，只有一个较弱的自发辐射峰，其中心波长位于 390.27 nm 处，如插图所示。当泵浦功率增加至 8.6 μW 时，其光谱出现了更多激光模式，激光强度显著增强，其最强激光模式中心波长位于 392.29 nm 处，半高宽则展宽至

0.341 nm，激光品质下降。从图中可以明显看出，其峰位从 390.27 nm 向 392.29 nm 红移，这可能是由电子空穴等离子体辐射（electron hole plasma，EHP）导致的，在课题组系列报道中有过相关讨论[27-28]。随着泵浦功率的增加，更多电子被激发并转换成电子空穴等离子体态，其激子浓度达到 Mott 浓度时则会发生相应的 Mott 相变，会出现 EHP 辐射，使系统能量降低。在这种情况下，激子 - 激子散射过程对高密度激子的冷却和弛豫起着至关重要的作用[29]。所以，随着泵浦功率的增加，其发射光子能量逐渐减少，导致 EHP 辐射谱向长波长方向红移[30]。

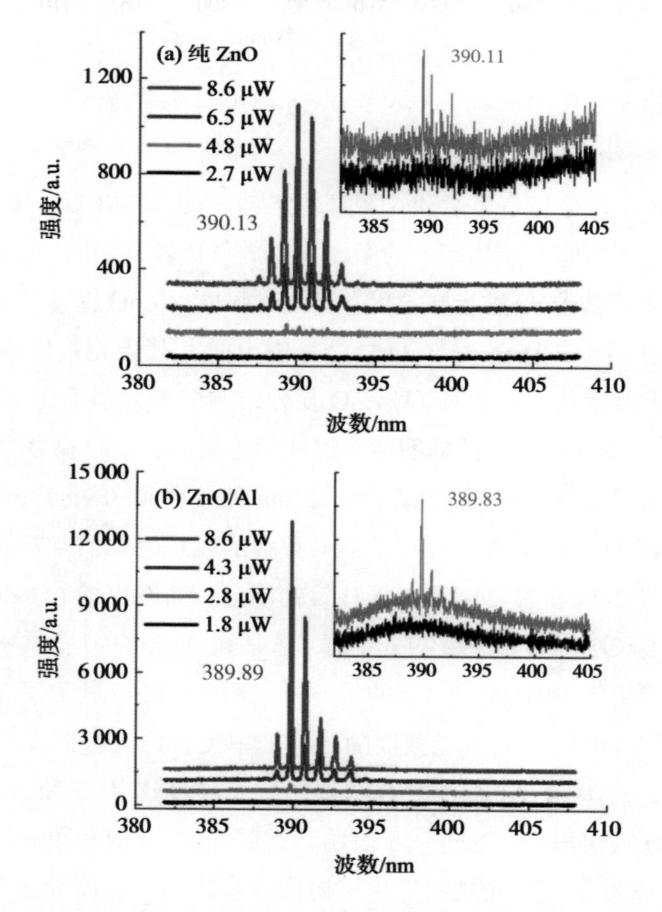

图 4.5　ZnO 微米棒、ZnO/Al 和 Graphene/Al/ZnO 的激光光谱

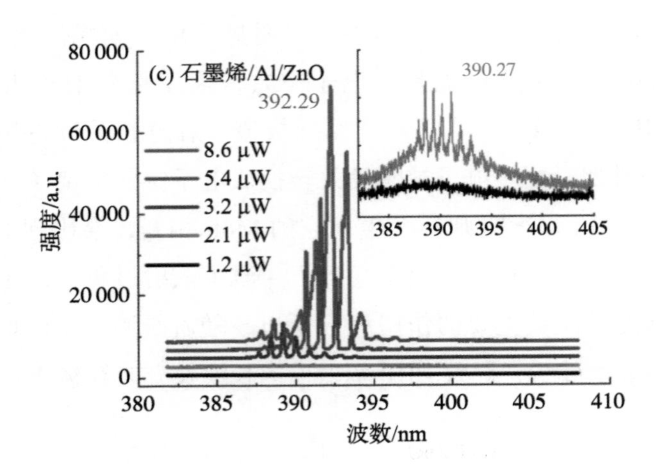

图 4.5 ZnO 微米棒、ZnO/Al 和 Graphene/Al/ZnO 的激光光谱（续）

（a）ZnO 微米棒；（b）ZnO/Al；（c）石墨烯 /Al /ZnO 的激光光谱

为了进一步分析石墨烯和 Al 纳米颗粒对 ZnO WGM 激光增强的影响，对 3 个样品在相同泵浦功率下的激光光谱进行比较，如图 4.6（a）所示。当 ZnO 微米棒修饰 Al 纳米颗粒后，其激光强度比 ZnO 提高了 10 倍左右；当石墨烯进一步转移至 Al/ZnO 复合微腔上时，其激光强度进一步增加了 5 倍以上。因此，石墨烯 /Al/ZnO 复合结构的激光强度比 ZnO 增强了近 50 倍。在图 4.6（a）的插图中可以清楚地看到，ZnO 微米棒的激光辐射峰在溅射了 Al 纳米颗粒后从 390.12 nm 处蓝移到 389.89 nm 处。这是因为 Al 纳米颗粒的吸收峰在短波区有更强的响应，如图 4.7（c）插图所示，可以与 ZnO 在短波区发生更有效的耦合。而石墨烯 /Al/ZnO 复合结构的中心波长则红移到 392.29 nm 处，这是在 Al/ZnO 复合结构上转移单层石墨烯后由于 EHP 效应引起的。此外，图 4.6（b）显示了 3 种类型的复合 WGM 微腔结构的激光强度随泵浦功率变化的关系图。从图中可以明显看到，石墨烯 /Al/ZnO 复合结构的激光强度比 ZnO 和 Al/ZnO 的激光强度增强得快得多。这进一步表明，石墨烯和 Al 纳米颗粒的表面等离激元与 ZnO 近带边发光之间发生了协同耦合作用，从而导致石墨烯 /Al/ZnO 复合结构的激光强度显著增强。对于纯 ZnO 微米棒来说，当泵浦功率小于 3.72 μW 时，其激光强度缓慢增加；当泵浦功率超过 3.72 μW 时，其激光强度增强很快。由此可见，ZnO 微米棒的激射阈值约为 3.72 μW。同理，Al/ZnO 和石墨烯 /Al/ZnO 复合结构的激射阈值分别为 2.49 μW 和 1.87 μW，可以看到其激光阈值明显降低，这意味着在石墨烯 /Al/ZnO 和 Al/ZnO 复合结构中更容易实现受激辐射增强。基于前面提到的耦合机制，激射阈值降低进一步验证了石墨烯和 Al 表面等离激元和 ZnO 的激子之间的协同共振耦合作用。

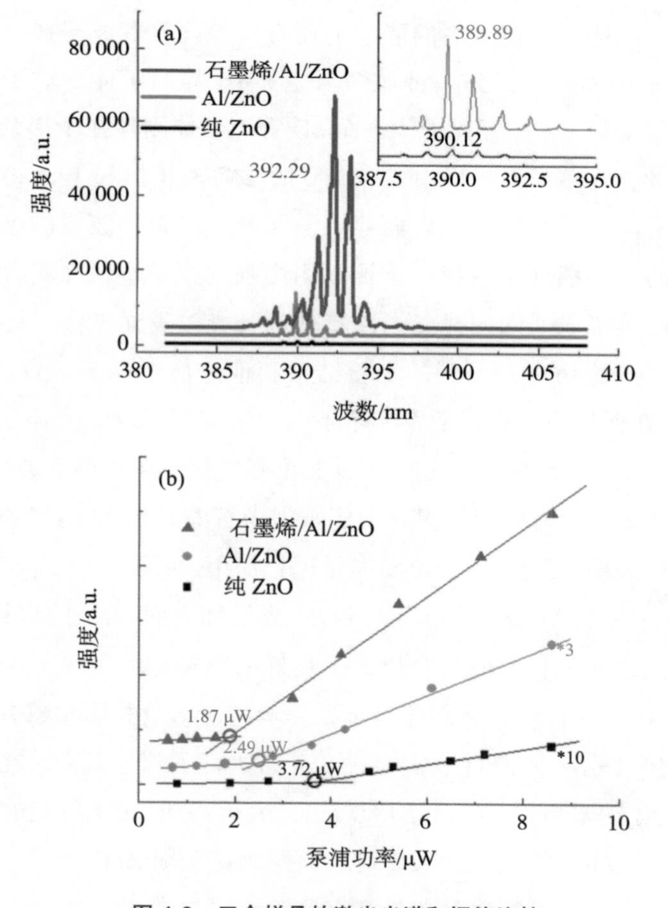

图 4.6　三个样品的激光光谱和阈值比较

（a）三个样品的激光光谱比较；（b）三个样品的阈值比较

4.4 石墨烯 /Al 表面等离激元协同耦合 ZnO 增强机理

石墨烯中存在两种外层电子，一个是 σ 电子，另一个是 π 电子。通常情况下，它们都可以被激发表面等离子体 [13, 31-32]。对于低能量的表面等离激元（也称为 2D 等离子体，其能量小于 3 eV），其主要是由内部跃迁引起的；然而，在更高的能量上还有另外两种等离子体，其中一种被命名为 π 等离子体，另一种被命名为 π +σ 等离子体。对于本征石墨烯，只存在 π 和 π + σ 等离子体，而 2D 等离子体则存在于掺杂的石墨烯中 [31]。因此，在单层石墨烯中，4.7 eV 的 π 等离子体和 14.6 eV 的 π + σ 表面等离子体模式可以实现表面等离激元模式与紫外波段的 WGM 微腔模式之间的近场耦合作用 [32]。本课题组之前的报道不仅在实验中证明了石墨烯表面等离激元的明显光场限域效应和光致发光增强，还对其研究结果进行了理论仿真，得到的实验结果和理论仿真几乎一致 [12]。最近，Li 等人 [13] 在保持飞秒激光激发功率不变的情况下，改变波长激发并测试了 ZnO 覆盖石墨烯前后的 PL 强度及其增强之比，可以明显看出 GAZ 复合 WGM 微腔中激光性能的提升主要归因于石墨烯和 Al 纳米颗粒的表面等离激元与 ZnO 激子之间的协同能量耦合作用。

在 GAZ 复合 WGM 微腔中，WGM 光场和表面等离子体波都被限制在微腔表面，并为它们的耦合提供了良好的物理空间。为了进一步说明石墨烯和 Al 纳米颗粒的表面等离子激元响应，本节利用时域有限差分法（FDTD）仿真软件对 ZnO 表面电磁场分布进行了理论研究。在仿真模型中，由于 Al 纳米颗粒的尺寸约 80 nm，远远小于 ZnO 微腔的直径（约 10 μm），所以可以近似地把 Al 纳米颗粒放在无限 ZnO 平面上，然后再设置单层石墨烯相关参数。光源以 60 ° 为入射角度，照射到 ZnO 的某一侧，其监视器波长为 390 nm，相应模拟结果如图 4.7（a）和图 4.7（b）

所示。对于纯 ZnO，其光场主要在 ZnO 微腔表面传播，这与 WGM 共振的内部全反射机制是一致的。在修饰 Al 纳米颗粒和石墨烯后，更多的光子局域于 ZnO 表面。此外，在 GAZ 结构中，Al 纳米颗粒不仅可使 ZnO 微米棒的表面粗化，其表面等离激元响应也可与 ZnO 紫外辐射相匹配，因此，在图 4.7（b）中可以观察到 ZnO 微腔表面电场强度增强，这是非常有利于 ZnO 激光增强的。

基于上面的讨论，本节提出了 GAZ 复合体系的能带示意图，它能更好地解释协同耦合机制，如图 4.7（c）所示。ZnO 的导带位于 –4.19 eV，价带位于 –7.39 eV[7]，Al 的费米能级位于 –4.3 eV[33–34]，CVD 制备的石墨烯费米能级位于 –4.9 eV[35]。在本章实验中，Al 纳米颗粒不仅是一种 LSP 源，还使 ZnO 表面粗化并调节光场与石墨烯等离子激元相匹配。Al 纳米颗粒和石墨烯表面等离激元协同增强了 ZnO 微腔光场和电子振荡倏逝波的能量耦合，进一步提高了 WGM 复合微腔的自发辐射和受激辐射的激发和发射效率，其协同耦合过程同样在 Al 纳米颗粒和石墨烯 /Al 的吸收谱中得到了验证，如图 4.7（c）插图所示，利用紫外可见分光光度计（SHIMADZU UV–2600）测定了在石英衬底上的 Al 纳米颗粒及石墨烯 /Al 样品的吸收谱，从图中可以看出 Al 在 383 nm 附近有一个吸收峰，且石墨烯 /Al 的吸收强度增加，并基本与 ZnO 近带边发光区域吻合。这表明石墨烯和 Al 纳米颗粒在紫外区有很强的表面等离激元响应。

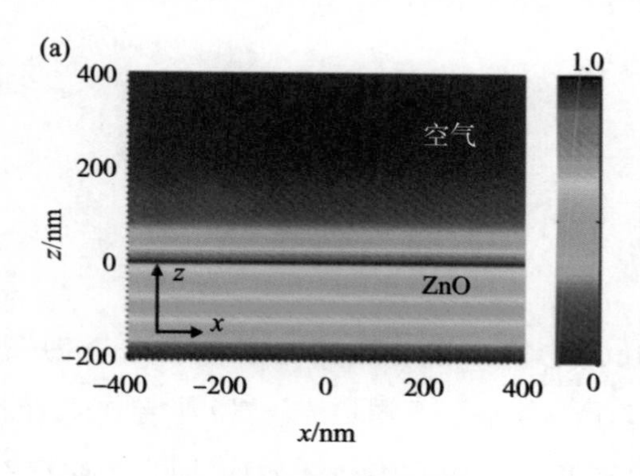

图 4.7　FDTD 仿真电场强度分布

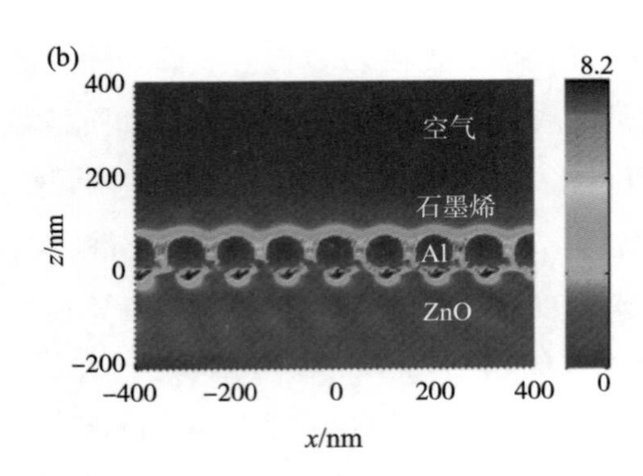

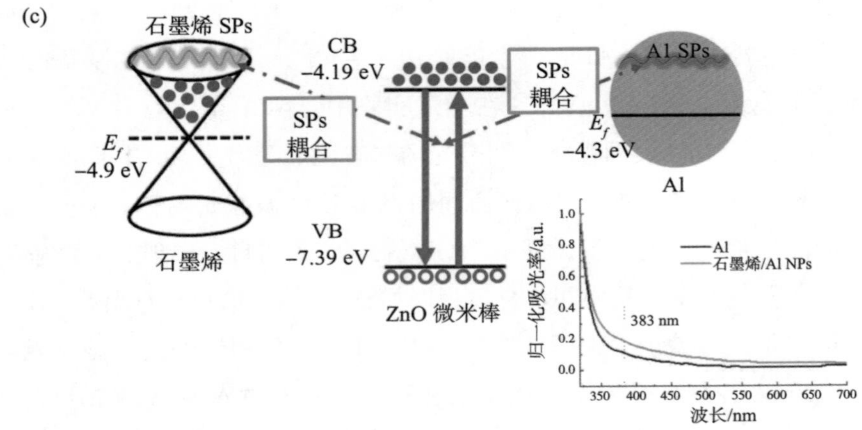

图 4.7　FDTD 仿真电场强度分布（续）

（a）ZnO；（b）石墨烯 /Al/ZnO；（c）ZnO 与 Al 和石墨烯表面等离激元协同增强机理图，插图为 Al 和石墨烯 /Al 的吸收谱

4.5　本章小结

本章主要利用 CVD 法和磁控溅射法制备了 ZnO 微米棒、石墨烯和 Al 纳米颗粒，构建了一种基于石墨烯 / 金属 / 半导体耦合的 GAZ 复合微腔，并利用表面等离激元效应和 WGM 效应协同增强了 ZnO 激光性能。

当 ZnO 微米棒修饰 Al 纳米颗粒后，其激光强度增强了 10 倍；当石墨烯转移到 Al/ZnO 微腔上时，其激光强度进一步增强了 5 倍以上。因此，由于在石墨烯 /Al 纳米颗粒表面等离激元在紫外区的响应和 ZnO 激子之间的共振能量耦合，在 GAZ 复合 WGM 微腔中观察到了 50 多倍的激光增强。此外，GAZ 复合 WGM 微腔的激光阈值比纯 ZnO 降低了一半。这些结果说明本研究既充分利用了 WGM 微腔光场和 SP 波都集中于界面附近形成充分耦合的物理优势，又使 ZnO 紫外增益为 SP 的短波响应提供了高效补偿，为设计和构建 ZnO 基的新型光电子器件提供了新的思路。

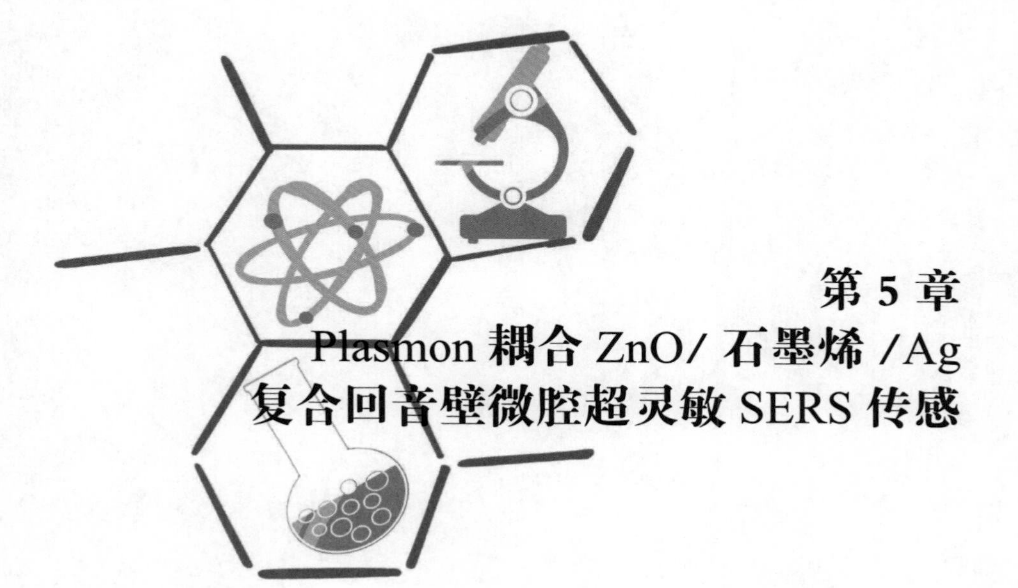

第5章 Plasmon 耦合 ZnO/石墨烯/Ag 复合回音壁微腔超灵敏 SERS 传感

5.1　研究背景

在光激发下，本章利用金属和金属 / 石墨烯表面等离激元的近场增强特性和高度空间局域性，实现了 ZnO 微米碟和微米棒的自发辐射和受激辐射的增强，并系统研究和分析了其复合结构的增强机理。目前，表面等离激元这种特殊的近场增强特性和高度空间局域性，在光电探测器、生物传感及医学检测等领域也受到了广泛关注 [1-3]。

生物传感器是一种对生物物质敏感并将其浓度转换为电信号进行检测的仪器 [4]。它主要由两部分组成：一个是固定化的生物敏感材料作识别元件，即感受器，如酶、抗体、抗原、微生物及细胞等生物活性物质；另一个是信号转换器，即换能器，如电极、热敏电阻、光纤、光度计、压电晶体及表面等离子共振器件等 [5-7]。其一般工作原理如图 5.1 所示，当待测物与分子识别元件结合后，将通过信号转换器产生的复合物或光、热等转变为可以输出的电、光信号等，达到分析检测的目的 [8]。

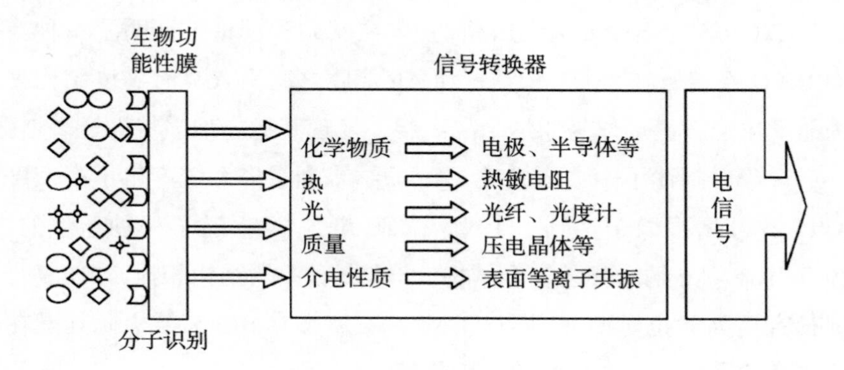

图 5.1　生物传感器的一般工作原理

20 世纪 70 年代，表面增强拉曼光谱技术（SERS）首次被发现，之后其作为超灵敏振动光谱分析工具被广泛应用于分析化学、生物、医学和生命科学等领域 [9-12]。虽然人们已经普遍接受了通过电磁增强机制（electromagnetic enhancement mechanism，EM）和化学增强机制（chemical enhancement mechanism，CM）相结合导致的 SERS 增强，但其具体的物理机制仍存在争议 [13-14]。电磁机制是由于表面等离激元共振导致数量级局域电磁场的增强，且具有高达 10^{14} ～ 10^{15} SERS 增强因子 [15]，而化学机制是由目标分子和 SERS 基底之间的电荷转移引起的，其增强因子则比 100 小 [16]。通常，以电磁机制为基础的 SERS 基底主要是贵金属以粗糙表面或纳米结构的形式存在 [17-20]，如 Au、Ag、Cu 和 Pt，其相邻金属纳米颗粒之间的局域电磁场高度增强，这与形成“热点”效应的纳米颗粒材料、尺寸及形状等几个因素有关 [21-22]。常用的 SERS 增强材料主要是 Au 和 Ag，因为它们制备简便、使用方便 [23]，其中，Ag 纳米颗粒和纳米棒更适合作为理想的 SERS 衬底，因为在可见光频率范围内其表面等离激元共振灵活可调 [24]。

石墨烯是一种具有半金属特性的单层石墨原子层，由于其特殊的电学、机械和热学性能，已被广泛应用和研究 [25-27]。特别是由于石墨烯的大量 π 电子能使电荷转移到分析分子，人们已经对石墨烯的 SERS 化学机制进行了广泛研究。近年来，Ling 等人 [28] 首次发现石墨烯表面拉曼强度比 SiO_2/Si 的强度要大。Li 等人 [29] 在实验和理论上证明了一种新型的 G-NFG 系统，在 Ag 纳米颗粒和 Ag 薄膜之间引入具有高度结构完整性的超薄单层石墨烯作为亚纳米隔离层，发现其近场增强特性显著增强。Wang 等人 [14] 阐述了一个石墨烯 -Au 的纳米金字塔系统产生了高密度的“热点”，其增强因子达到了 10^{10}。Leem 等人 [30] 报道了一种新型的 3D 褶皱石墨烯 -Au 纳米颗粒复合结构，与 2D 石墨烯结构相比，3D 复合结构则具有更高的拉曼增强因子。因此，石墨烯在 SERS 结构尤其是在生物传感领域中具有非常重要的应用前景。

在室温下，ZnO 是一种宽直接带隙（3.37 eV）强激子结合能（60 meV）的半导体，是研究高效紫外激光器件的理想选择[31-32]。在许多 ZnO 微纳结构中，已经报道出光泵浦下的受激辐射激光，如微米线[33]、纳米碟[34]和纳米钉[35]，其 ZnO 既作为活性增益材料又作为光学增益微腔[36]。作为一种天然的 WGM 微腔，六边形截面的 ZnO 微米棒可以将光限制在微腔表面，基于光学谐振腔效应，光在 ZnO 六边形内壁进行多重全反射，能显著增强光与物质的相互作用[12, 37]。作为一种更好的生物传感材料，特别是 ZnO 的等电点高达 9.5[38-39]，可通过静电引力，实现对低等电点生物分子的吸附和稳定标记[40]。此外，ZnO 具有良好的生物兼容性、低毒、高电子迁移率和制备简单等特性，都有利于生物传感[41-42]。因此，利用 ZnO 微腔这些独特的物理和化学性质，通过增强激发光和探针分子之间的相互作用，便可以实现超灵敏生物信号探测。

由于独特的光学和光子耦合效应，WGM 微腔能有效地将光场限制在其表面。石墨烯不仅提供了一种电荷传输的理想通道，还是金属纳米颗粒的载体。在此前提下，结合 WGM 效应、石墨烯辅助电荷转移和金属纳米颗粒的表面等离激元，协同增强复合体系的 SERS 性能。到目前为止，很少有人报道 WGM 效应和表面等离激元效应协同增强拉曼检测，对其耦合过程也没有深入的理解。因此，本章将通过转移单层石墨烯和简单的物理离子溅射构建一个 ZnO/ 石墨烯 /Ag 复合 WGM 微腔 SERS 基底，如图 5.2 所示。这个复合 SERS 基底对荧光分子 R6G 具有超高的灵敏度，其增强因子达到了 0.95×10^{12}，对生物分子 DA 具有超低检测极限，低至 10^{-15} mol/L。其显著增强的拉曼信号可以归因于光学场限域效应的 WGM 结构以及石墨烯辅助电子转移和 Ag 表面等离激元之间强大的协同耦合。因此，本章的结果有助于理解和应用 ZnO/ 石墨烯 /Ag 复合体系，它同时获得了 EM 增强和 CM 增强，并成为分析科学及相关领域的强大工具。

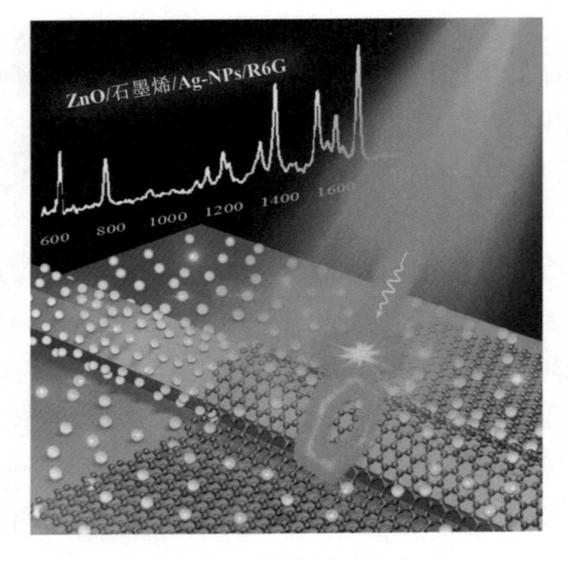

图 5.2　超灵敏 SERS 基底示意图

5.2　ZnO/ 石墨烯 /Ag 复合回音壁微腔 SERS 基底的构建

正如之前的报道，以 Si 片为衬底，利用简单的气相传输法制备了纤锌矿结构的 ZnO 微米棒 [27, 37, 43]。简言之，3 g ZnO 粉末（99.99%）和 3 g C 粉（99.99%）以质量比 1 ：1 充分混合后，称取 1.0 g 均匀粉末填入石英舟中并作为反应原材料。将清洗干净的 3 cm × 3 cm 的 Si 片覆盖在石英舟上，然后整体推入管式炉中，其温度为 1 050 ℃并保持 45 min。经充分反应后，在 Si 片上得到 ZnO 微米棒阵列，并从管式炉中取出，自然冷却至室温。

从微米棒阵列中挑选出单根 ZnO 微米棒，然后转移单层石墨烯构建一个 ZnO/ 石墨烯复合微腔。单层石墨烯是采用 CVD 方法在厚度约为 25 μm 铜箔衬底（纯度 99.99%）上制备 [44–45]，然后将其转移到单根 ZnO

微米棒上的。其生长温度约为 1 045 ℃，反应压强约为 320 Pa，反应气体为 60 mL/min 的 H_2 和 90 mL/min 的 CH_4，生长时间约为 10 min。

利用小型离子溅射仪分别在 ZnO/ 石墨烯复合微腔、Si 片和石英衬底上同时溅射 Ag 纳米颗粒，并通过紫外可见分光光度计测定 Ag 纳米颗粒在石英衬底上的吸收谱。课题组前期工作已系统讨论过纳米颗粒的分布、尺寸对耦合效率的影响 [12, 46]，故本章选择了一个实验优化的 Ag 纳米颗粒，溅射时间约 60 s，溅射电流约 14 mA，腔体气压约 40 Pa。

为了探讨石墨烯和 Ag 纳米颗粒对 ZnO SERS 灵敏度性能的影响，在同一个复合 WGM 微腔样品上构建了 4 个样品区进行比较。其过程如图 5.3 所示：单层石墨烯先转移到 ZnO 微米棒表面，并覆盖其表面一半以上；然后在整个样品 ZnO 微米棒和 Si 片上表面溅射 60 s 的 Ag 纳米颗粒，从而得到 4 个样品区，一个是 Si/Ag–NPs，一个是 Si/ 石墨烯 /Ag–NPs，一个是 ZnO/Ag–NPs，一个是 ZnO/ 石墨烯 /Ag–NPs；最后利用 FDTD 软件仿真了 ZnO/ 石墨烯 /Ag–NPs 复合结构的电场增强分布，并给出了其增强机理。

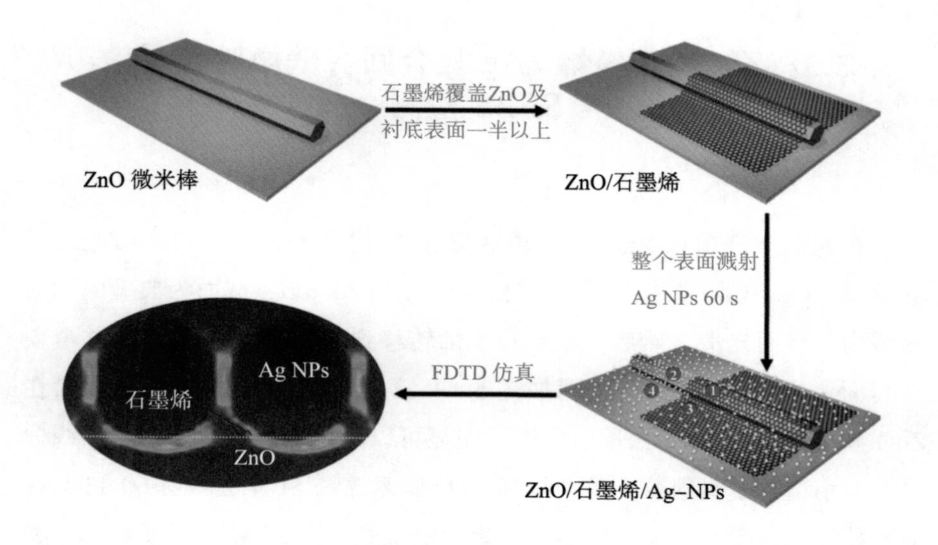

图 5.3　ZnO/ 石墨烯 /Ag 复合 SERS 基底的制备过程

实验样品准备好后，通过场发射扫描电子显微镜（FESEM）对 ZnO 进行形貌表征，同时配备有 X 射线能谱仪（EDS）进行元素 mapping 表征。通过紫外可见分光光度计（SHIMADZU UV-2600）测定在石英衬底上的 Ag 纳米颗粒吸收谱，然后用自搭建的微区荧光系统探测样品的受激辐射光谱，配置 40 倍紫外物镜和微动平台的 BX53 型正置显微镜，可以实现样品微小区域的激发与探测。其中，激发光源为美国相干公司生产的 Libra-F-HE 型飞秒激光器（1 000 Hz，800 nm）泵浦 OperA Solo 型光学参量放大器所得的 325 nm 飞秒激光，激光脉冲宽度小于 100 fs，重复频率 1 000 Hz。通过光纤收集发光信号并耦合到一个光学多道分析仪（OMA）系统的电荷耦合器件阵列探测器中。利用拉曼光谱系统进行 SERS 测试，激发光源为 532 nm 的激光，能量为 2 mW，曝光时间为 10 s。从不同样品区域获得的拉曼光谱的拉曼振动模式为 500 ～ 2 000 cm^{-1}。最后，吸取 3 μL 的探针分子溶液滴到 SERS 基底上，然后进行拉曼检测。以上所有实验均是在室温下进行的。

5.3 ZnO/ 石墨烯 /Ag 复合回音壁微腔超灵敏 SERS 检测

首先，挑选单根 ZnO 微米棒放置在 Si 衬底上作为 WGM 微腔，其 SEM 如图 5.4（a）的插图所示，直径约为 11.67 μm，截面为典型的六边形结构，表面光滑。然后，单层石墨烯转移到 ZnO 微米棒表面，并覆盖其表面一半以上，其 SEM 图如图 5.4（a）所示。神奇的是，石墨烯在 ZnO 和 Si 衬底的边界在透射电镜下明显可以看出来，并在图中用虚线标出。用小型离子溅射仪在整个样品 ZnO 微米棒和 Si 片上溅射 60 s 的 Ag 纳米颗粒，如图 5.4（d）所示。从矩形框得到放大 SEM 如图 5.4（b）和图 5.4（c）所示，可以观察到 Ag 纳米颗粒均匀分布在 ZnO/ 石墨烯 /Ag-

NPs 和 Si/ 石墨烯 /Ag–NPs 复合结构的表面，其直径约为 18 ～ 35 nm。其 EDS 图谱和 mapping 图证明在 ZnO/ 石墨烯 /Ag–NPs 复合微腔上存在 C、Ag、Zn，O 和 Si 等元素，如图 5.4（e）～图 5.4（j）所示。元素面扫描分布图进一步说明 Zn、O 和 Si 三种元素分布均匀并能清晰地分辨出 ZnO 微米棒的轮廓，同时 C 和 Ag 元素也均匀分布在 SERS 基底的表面。

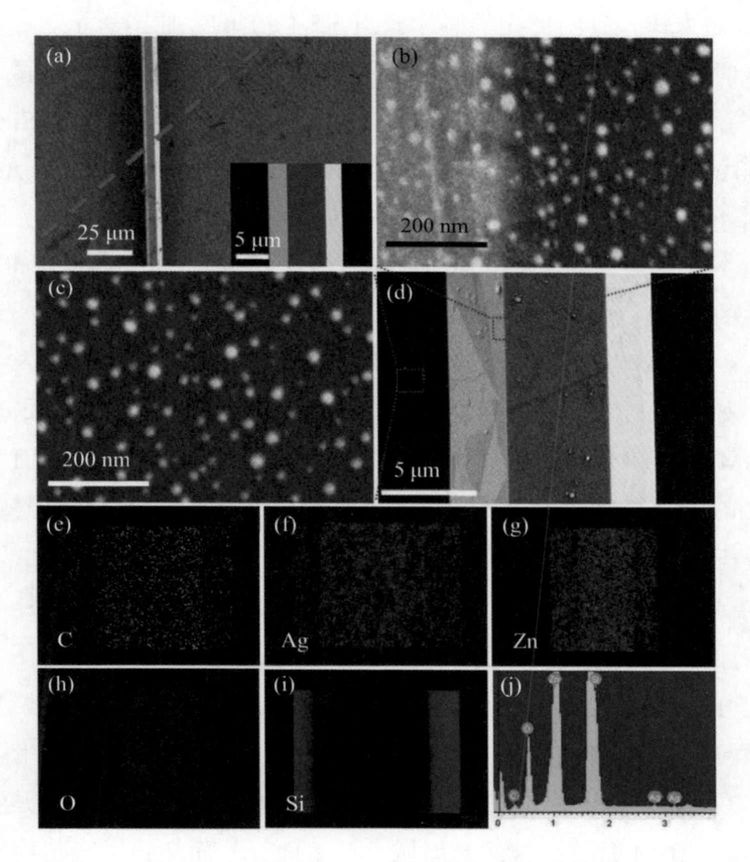

图 5.4　ZnO/Graphene/Ag–NPs **复合结构的** SEM **和** EDS **表征**

（a）ZnO/ 石墨烯和（d）ZnO/ 石墨烯 /Ag–NPs 复合结构的 SEM 图，插图为单根 ZnO 微米棒 SEM 图；Ag 纳米颗粒在（b）ZnO/ 石墨烯 /Ag–NPs 和（c）Si/ 石墨烯 /Ag–NPs 复合结构上的放大 SEM 图；（e）～（i）ZnO/ 石墨烯 /Ag–NPs 复合 SERS 基底上的 C、Ag、Zn、O、Si 元素面扫描分布图；（j）ZnO/ 石墨烯 /Ag–NPs 复合 SERS 基底的 EDS 谱

为了说明石墨烯和 Ag 纳米颗粒对 ZnO 激光性能的影响，在室温下，

利用微区系统（OLYMPUS BX53）对 ZnO 回音壁模微腔进行光学性能测试，如图 5.5（a）所示。对纯 ZnO 微米棒来说，其激光谱可以明显观察到 5 个清晰的模式，其半峰宽（FWHM）约 0.107 nm，最强共振峰在 391.39 nm 处。根据公式 $Q = \lambda/\Delta\lambda$ 可估计其品质因子为 3 658，其中，λ 和 $\Delta\lambda$ 分别是峰值波长和 FWHM。在显微镜下可以观察到一根表面光滑的 ZnO 微米棒，其明场光学照片如图 5.5（a）的左插图所示。考虑到拉曼测试时进行原位实验的方便性，单层石墨烯将先转移到 ZnO 微米棒的表面，并覆盖其表面一半以上，然后在整个样品 ZnO 微米棒和 Si 片表面溅射 60 s 的 Ag 纳米颗粒，从而得到 ZnO/Ag 和 ZnO/ 石墨烯 /Ag 的样品。从光谱中可以看到，当 ZnO 微米棒修饰 Ag 纳米颗粒后，其激光强度增强了近 7 倍，当石墨烯 /Ag 组合到 ZnO 后，其激光强度进一步得到了 2 倍左右的增强。所以，在 325 nm 飞秒激光脉冲的激发下，ZnO/ 石墨烯 /Ag–NPs 复合结构观察到了 14 倍的激光增强，且显微镜暗场下发出耀眼的光，如图 5.5（a）的右插图所示。很明显，ZnO/ 石墨烯 /Ag–NPs 复合 WGM 微腔激光性能的提高与改善归因于石墨烯和 Ag 的表面等离激元与 ZnO 激子的协同耦合作用，正如课题组在之前的报道中已经进行的系统分析所述[27, 47–48]。在相同溅射条件下，分别在石英衬底和 Si 上溅射 60 s 的 Ag 纳米颗粒，其溅射电流约为 14 mA。其中，利用紫外可见分光光度计测定在石英衬底上的 Ag 纳米颗粒紫外可见吸收谱，如图 5.5(b）所示，可以明显看出其吸收峰位于 445 nm 左右。在 Si 衬底上溅射的 Ag 纳米颗粒测试了 SEM，从图 5.5（b）插图中可以观察到 Ag 纳米颗粒均匀分布在 Si 衬底表面。这表明，截面为六边形的 ZnO 微米棒提供了一个天然的 WGM 微腔，这使光局域于其表面，从而加强了光与物质的相互作用。因此，天然的 WGM 微腔对拉曼信号检测起到至关重要的作用。

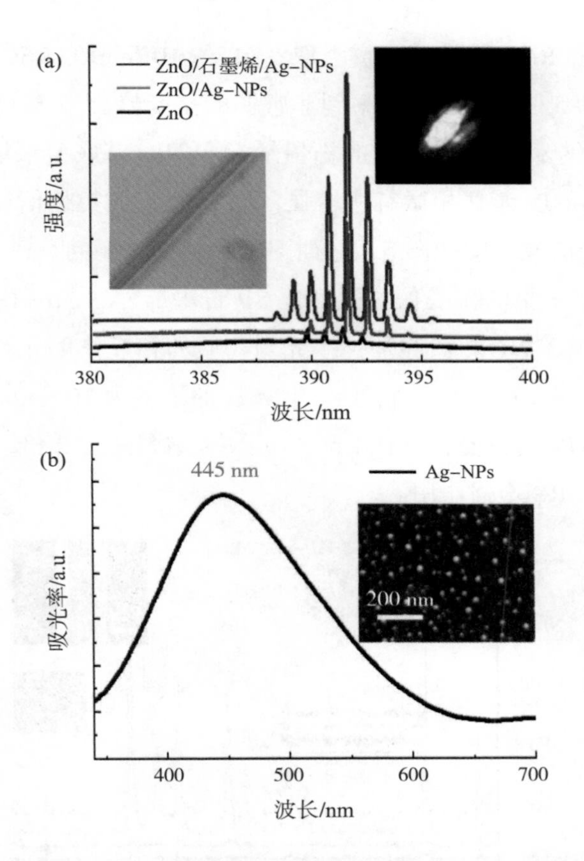

图 5.5　三个样品在 59.9 μW 激发功率下的受激辐射谱及 Ag 纳米颗粒的吸收谱

（a）三个样品（ZnO、ZnO/ 石墨烯和 ZnO/ 石墨烯 /Ag-NPs）在同一激发功率（59.9 μW）下的受激辐射谱，插图左为明场光学照片，插图右为暗场光学照片；（b）Ag 纳米颗粒的吸收谱，插图为 Ag 纳米颗粒 SEM 图

本实验中，通过前面介绍的制备过程得到了 ZnO/ 石墨烯 /Ag-NPs 复合WGM复合微腔，并得到了4个相应样品区，如图5.6中右插图所示：样品 1 区为 ZnO/ 石墨烯 /Ag-NPs，样品 2 区为 ZnO/Ag-NPs，样品 3 区为 Si/ 石墨烯 /Ag-NPs，样品 4 区为 Si/Ag-NPs，同时，用干净的 Si 衬底得到了样品 5 区。此外，实验中采用罗丹明 6G（R6G）作为探针分子对其 SERS 灵敏度进行衡量。R6G 溶液得到了不同浓度的稀释，其范围从 10^{-5} mol/L 到 10^{-15} mol/L 不等。图 5.6 显示了上述复合 SERS 基底 4 个

样品区和 Si 的 R6G 拉曼信号谱。取 3 μL 的 10^{-3}mol/L R6G 溶液滴在 Si 片上时（样品 5 区），只能观察到非常弱的拉曼峰。当 ZnO 微米棒修饰石墨烯和 Ag 纳米颗粒后，在 Si/ 石墨烯 /Ag–NPs 基底上采集的拉曼信号强度比 Si/Ag–NPs 基底稍微有所增强，比 Si 衬底的拉曼信号强度增强很多，其拉曼光谱放大图如图 5.6 左插图所示。更重要的是，在 ZnO/ 石墨烯 /Ag–NPs 上采集的拉曼信号强度比 Si/ 石墨烯 /Ag–NPs 的增强了很多倍，这说明 ZnO WGM 微腔加强了光与物质的相互作用，对拉曼信号检测起到了至关重要的作用。此外，当 R6G 的浓度为 10^{-8} mol/L 时，ZnO/ 石墨烯 /Ag–NPs 的拉曼强度比 ZnO/Ag–NPs 增强了近 2 倍，这说明石墨烯也起到了 SERS 增强作用。

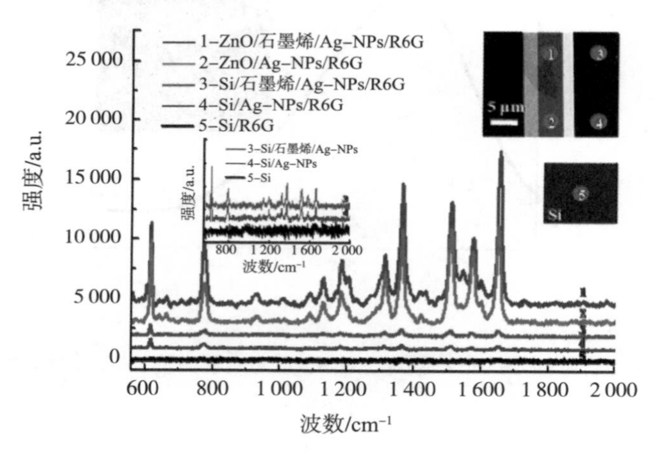

图 5.6 从复合 SERS 基底四个不同样品区和 Si 衬底上采集的罗丹明 6G（R6G）拉曼信号

样品 1 和 2 区：R6G 10^{-8} mol/L；样品 3 和 4 区：R6G 10^{-5} mol/L；样品 5 区：R6G 10^{-3} mol/L；插图右为复合 SERS 基底 SEM 图并标出其相应的样品区激发点 1 ～ 4 区和 Si 衬底 5 区；插图左为样品区 3、4 和 5 区的拉曼放大图；激发功率：2 mW；积分时间：10 s；激发波长：532 nm

为了进一步证明拉曼信号的增强，利用 SERS 基底 ZnO/ 石墨烯 /Ag–NPs 和 ZnO/Ag–NPs 对 R6G 从 10^{-8} mol/L 到 10^{-15} mol/L 的不同浓度梯度进行拉曼测试。在同一激发条件下，得到了如图 5.7 所示的拉曼光

谱。对于 ZnO/Ag-NPs 复合 SERS 基底，当 R6G 在低浓度 10^{-14} mol/L 时，拉曼光谱强度很弱，如图 5.7（a）插图所示。随着 R6G 浓度从 10^{-13} mol/L 增加到 10^{-8} mol/L，拉曼信号强度也逐渐增强，如图 5.7（a）所示，从图中可以明显观察到探针分子 R6G 的拉曼信号特征峰逐渐清晰并增强。当 R6G 浓度为 10^{-8} mol/L 时，拉曼信号强度达到最大，对应特征峰位分别在 1 363 cm^{-1}、1 508 cm^{-1} 和 1 649 cm^{-1} 处，属于平面对称模式 C—C 键的弹性振动 [18, 49-50]。对于 ZnO/ 石墨烯 /Ag-NPs 复合 SERS 基底，尽管其 R6G 浓度低至 10^{-15} mol/L，但仍然可见探针分子 R6G 拉曼光谱特征峰，如图 5.7（b）插图所示。随着 R6G 浓度的增加，更多光子局域于 ZnO 表面，导致拉曼信号逐渐增强。当 R6G 浓度增加到 10^{-8} mol/L 时，其拉曼信号强度是 ZnO/Ag-NPs 的 2 倍。其增强不仅归因于 ZnO 独特几何结构的 WGM 效应有助于增强光与物质的相互作用，从而提高拉曼检测灵敏度，也归功于石墨烯辅助电子转移与 Ag 表面等离激元的协同耦合，从而改善拉曼检测灵敏度。令人惊奇的是，ZnO/ 石墨烯 /Ag-NPs 复合基底的检测灵敏度比 ZnO/Ag-NPs 更高，其检测限可低至 10^{-15} mol/L。另外，利用 Si 衬底作为参考基底，使用 ZnO/ 石墨烯 /Ag-NPs 复合微腔 SERS 基底的增强因子（EF）对其检测范围进行评估，可根据如下公式进行估算 [17, 51]：

$$\mathrm{EF}=\frac{I_{\mathrm{SERS}}\times N_{\mathrm{Bulk}}}{I_{\mathrm{Bulk}}\times N_{\mathrm{SERS}}} \tag{5-1}$$

其中，I_{SERS} 为在 ZnO/ 石墨烯 /Ag-NPs 复合基底上采集 10^{-15} mol/L 的 R6G 在 1 649 cm^{-1} 的拉曼信号强度；I_{Bulk} 为从 Si 基底上采集 10^{-3} mol/L 的 R6G 探针分子位于 1 649 cm^{-1} 的拉曼信号强度；N_{SERS} 和 N_{Bulk} 分别为相应浓度的 R6G 探针分子被激发后的分子数。

根据上式估算 ZnO/ 石墨烯 /Ag-NPs 复合微腔 SERS 基底的增强因子为 0.95×10^{12}，表明该 SERS 基底具有非常高的灵敏度。除此之外，基于拉曼特征峰在 1 649 cm^{-1} 处的拉曼强度与 R6G 探针分子溶液浓度取对数之间的关系进行了线性拟合，如图 5.7（c）所示，并得出其线性回归

方程为 $Y=444.9+29.8X$，其中 Y 是拉曼信号强度，X 是 R6G 探针分子溶液浓度对数，且其线性相关系数 $R^2=0.91$。研究结果表明，ZnO/ 石墨烯 / Ag-NPs 复合微腔 SERS 基底是一种可用于拉曼信号定量检测的有效的超灵敏工具。为了体现该 SERS 基底的优越性，比较了不同衬底不同探针分子的检测限与增强因子，如表 5.1 所示。从表中可以看出，超灵敏拉曼检测性能不仅归因于金属局域表面等离激元增强，同时与半导体结构特征有关。具体归纳如下：①金属增强；②石墨烯增强；③ WGM 微腔效应。以上都是影响检测拉曼强度和灵敏度的因素 [14, 20, 23, 46, 51-59]。显然，本研究中的 ZnO/ 石墨烯 /Ag-NPs 复合微腔 SERS 基底可以显著改善拉曼信号强度和检测限。

表5.1　不同衬底不同探针分子的检测限和增强因子的比较

编　号	衬　底	探　针	检测限	EF	Ref.
1	3D Ag 纳米粒	R6G	—	10^8	[23]
2	Au@Ag 纳米棒	Dopamine	10^{-12}	—	[52]
3	石墨烯 /Au	R6G	10^{-14}	10^{10}	[14]
4	Ag-Cu- 石墨烯	R6G	—	10^6	[20]
5	石墨烯 /Ag-NPs	R6G	10^{-13}	—	[53]
6	Ag/ 石墨烯 /Au 薄膜	R6G	10^{-13}	10^9	[54]
7	ZnO/Au 纳米针阵列	R6G	10^{-8}	10^7	[51]
8	Au/ZnO 纳米丝	4-MBT	—	10^6	[55]
9	Si/ZnO/Ag	R6G	10^{-9}	10^6	[56]
10	ZnO/Ag 纳米片	R6G	10^{-10}	—	[57]
11	3D Ag/ZnO 混合物	Phenol red	10^{-9}	10^9	[58]
12	ZnO/Ag 微球	R6G	10^{-12}	10^{11}	[46]
13	ZnO/ 石墨烯 /Ag-NPs	R6G	10^{-15}	10^{12}	本研究

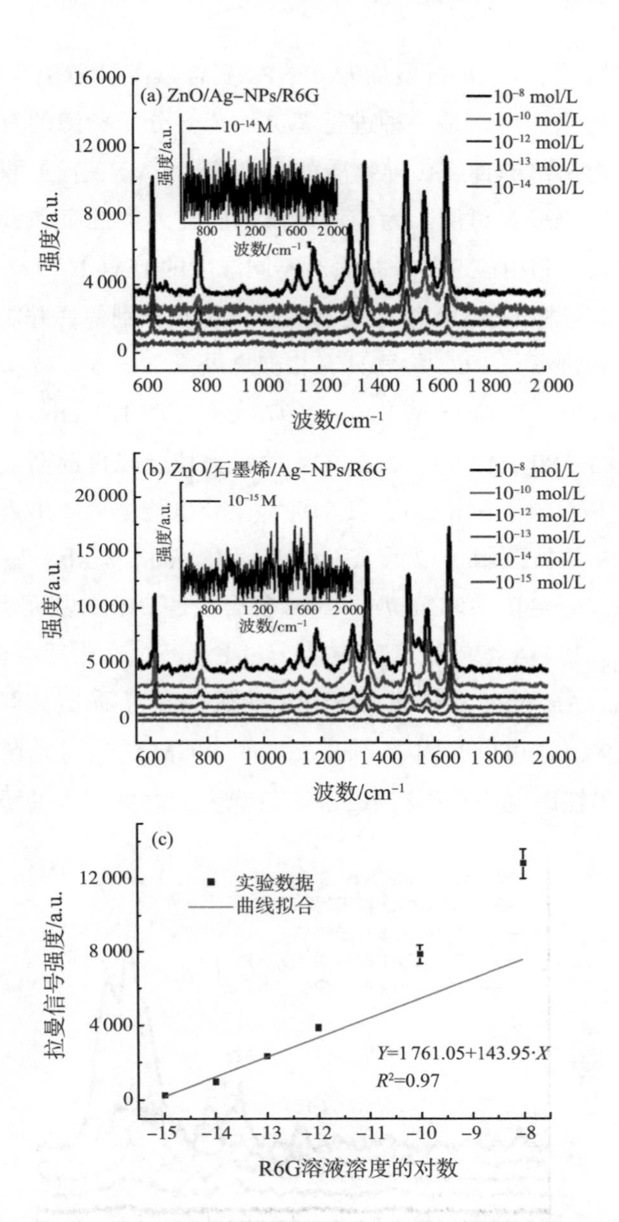

图 5.7　ZnO/Ag-NPs 和 ZnO/Graphene/Ag-NPs 复合微腔中 R6G 拉曼谱

在（a）ZnO/Ag-NPs、（b）ZnO/ 石墨烯 /Ag-NPs 复合微腔中采集的不同浓度 R6G 拉曼谱，插图分别为浓度 10^{-14} mol/L 和 10^{-15} mol/L 的 R6G 拉曼谱放大图；（c）在 1 649 cm^{-1} 处的拉曼强度对 R6G 浓度的依赖关系；激发功率：2 mW；积分时间：10 s；激发波长：532 nm

上述实验中，ZnO/ 石墨烯 /Ag-NPs 复合微腔 SERS 基底对 R6G 探针分子具有增强作用，是一种进行超灵敏荧光分子检测的有效手段，这使对影响人类情绪的神经传导物质如多巴胺（DA）、肾上腺素和去甲肾上腺素等的监测成为可能。为了评估该基底在人类健康和食品安全等领域的应用前景，利用该 SERS 基底对不同浓度的 DA（10^{-15} ～ 10^{-9} mol/L）进行了拉曼信号检测。DA 溶液是利用去离子水分别稀释并制备的，其拉曼检测条件和过程与 R6G 检测具有相似之处。如图 5.8（a）所示，随着 DA 浓度的增加，其位于 673 cm^{-1}、978 cm^{-1}、1 181 cm^{-1}、1 325 cm^{-1}、1 391 cm^{-1}、1 580 cm^{-1} 和 1 632 cm^{-1} 的特征拉曼峰也逐渐被观察到。即使在低浓度下（10^{-15} mol/L），其个别特征峰也能被检测出来，这预示着该复合 SERS 的检测限可以低至 10^{-15} mol/L。图 5.8（b）显示了分别从 ZnO/ 石墨烯 /Ag-NPs 和 ZnO/Ag-NPs 复合微腔 SERS 基底上采集的 DA 拉曼信号谱，其 DA 溶液浓度为 10^{-11} mol/L。经过对比后明显可以看出，ZnO/ 石墨烯 /Ag-NPs 复合微腔 SERS 基底的拉曼强度比 ZnO/Ag-NPs 的增强了很多。这可以归因于 ZnO 天然的 WGM 结构对光场的高度限域效应以及石墨辅助电荷转移和 Ag 表面等离激元之间强大的协同耦合。

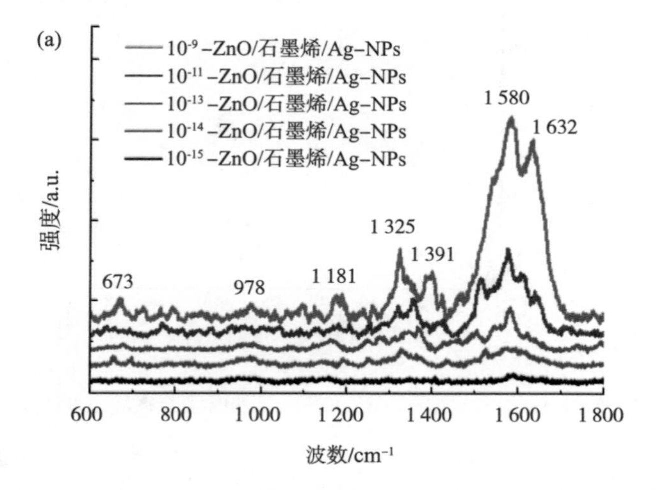

图 5.8 ZnO/Graphene/Ag-NPs 复合微腔 DA 拉曼谱及不同 SERS 基底 DA 拉曼谱对比

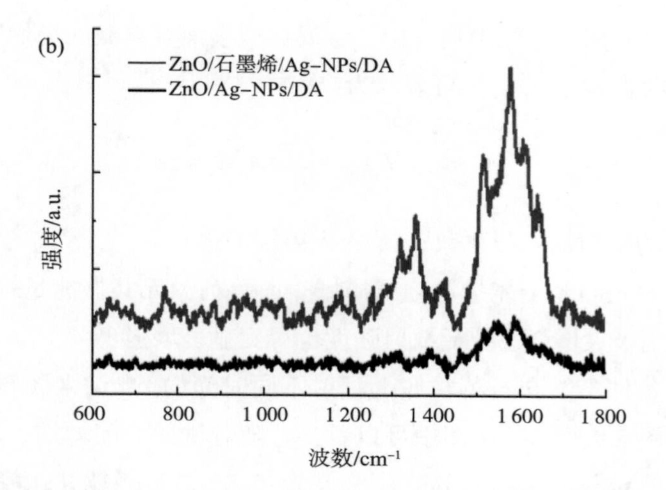

图 5.8　ZnO/Graphene/Ag–NPs 复合微腔 DA 拉曼谱及不同 SERS 基底 DA 拉曼谱对比（续）

（a）在 ZnO/ 石墨烯 /Ag–NPs 复合微腔上采集不同浓度的 DA 拉曼谱；（b）两种不同 SERS 基底上采集的浓度为 10^{-11} mol/L 的 DA 拉曼谱；激发功率：2 mW；积分时间：10 s；激发波长：532 nm

5.4　ZnO/ 石墨烯 /Ag 复合回音壁微腔 SERS 增强机理

目前，人们普遍认为 SERS 增强机理主要有电磁增强机制和化学增强机制。电磁增强机制表现为由金属局域表面等离激元共振引起的场增强效应，是表面增强拉曼散射的主要原因；化学增强机制则表现为由目标分子和 SERS 基底之间的电荷转移效应。通常情况下，拉曼散射强度（I_{RS}）可表示为

$$I_{RS} = N\sigma I_{Laser} \tag{5-2}$$

其中，N、σ 和 I_{Laser} 分别为参与拉曼散射的探针分子数目、拉曼散射截面和激发光强度。

当修饰金属纳米颗粒后，由于金属局域表面等离激元场的增强效应，则拉曼散射强度（I_{SERS}）可表示为

$$I_{SERS} = N\sigma A_S^2 A_L^2 I_{Laser} \tag{5-3}$$

其中，A_S 为散射场增强系数；A_L 为入射场增强系数。

当入射光的光子能量与金属局域表面等离激元共振能量耦合时，其局域场得到极大增强，拉曼散射强度也得到显著增强[60]。

同一条件下，在石英衬底上溅射不同时间的 Ag 纳米颗粒，其共振吸收峰如图 5.9 所示。从图中可以看出，随着溅射时间增加，Ag 纳米颗粒的共振峰位先红移再蓝移。当激发光与 Ag 纳米颗粒共振峰满足耦合条件时，表面拉曼信号增强。随着溅射时间增加，Ag 纳米颗粒尺寸增大，同时其空间分布也越来越密，相邻纳米颗粒之间产生场增强耦合，即“热点”效应，从而增强了拉曼信号[61–64]。利用 ZnO 微米棒的天然回音壁微腔，激发光在 ZnO 与石墨烯 /Ag 纳米颗粒及空气的界面处进行内壁全发射，其光场被局域在微腔表面，加强了激发光与探针分子之间的相互作用，从而进一步增强了拉曼信号。

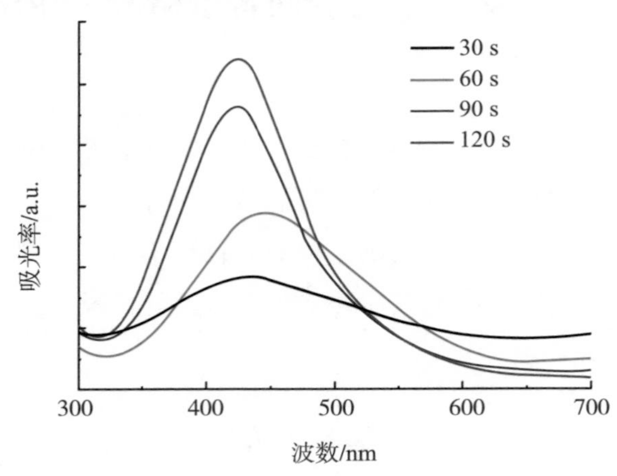

图 5.9　不同溅射时间 Ag 纳米颗粒的共振吸收谱

综合以上分析，ZnO/ 石墨烯 /Ag–NPs 复合 WGM 微腔 SERS 基底

对荧光分子 R6G 具有超高的灵敏度，其增强因子达到了 0.95×10^{12}，对生物分子 DA 具有超低检测极限，低至 10^{-15} mol/L 。根据以上现象，其复合微腔 SERS 增强机理可以归纳为以下几点：① Ag 纳米颗粒产生热点效应引起的近场增强 [46]；②石墨烯辅助的电荷转移，增强生物分子的拉曼信号 [65]；③天然的 WGM 微腔，加强光与物质之间的相互作用，从而增强拉曼信号 [12]。为了深入研究拉曼信号增强机制，利用 FDTD 软件模拟仿真其复合微腔的光场分布，如图 5.10（a）所示。其参数设置如下：ZnO 的折射率为 2.43，激发波长为 532 nm。单层石墨烯先转移到 ZnO 表面并覆盖一半以上，再整体溅射 Ag 纳米颗粒。其中，Ag 纳米颗粒的尺寸为 25 nm 左右，远远小于 ZnO 的直径 11.67 μm。模拟结果显示，单根纯 ZnO 微米棒的光场主要沿其表面传播，这与 ZnO 的全内反射 WGM 共振机制是一致的。课题组之前也报道了类似的仿真结果 [12, 27]。经过石墨烯和 Ag 纳米颗粒修饰后，更多的光子局域在 ZnO 表面，使 ZnO 表面的光场强度显著增强。

除了以上分析的电磁场增强机制外，还存在另外一种电子转移增强机制，即化学增强。石墨烯不仅提供了一个电荷传输的理想通道，还是金属纳米颗粒的载体 [27, 66]。根据量子理论，拉曼散射过程可解释为以下 3 个过程：①入射光与生物分子 HOMO 能级的电子相互作用；②处于激发态的电子与声子的耦合过程；③电子返回 HOMO 能级，并发射出散射光 [65]。由于石墨烯表面存在很多 π 电子，且其能带是连续的，当石墨烯的费米能级（–4.6 eV）位于生物分子（包括 R6G）的 HOMO 和 LOMO 能级之间时 [14, 67]，电荷转移就会很容易发生，如图 5.10（b）所示，为拉曼散射过程。石墨烯的电子参与 R6G 分子拉曼散射过程中增强了电子 – 声子耦合过程，从而使拉曼信号增强。因此，在 ZnO/ 石墨烯 /Ag-NPs 复合 WGM 微腔中，不仅 WGM 效应增强了光与物质的相互作用，石墨烯辅助电子转移和 Ag 表面等离激元引入的局域场增强也加强了激发光和表面待检测物之间的相互作用，从而有利于 SERS 增强。

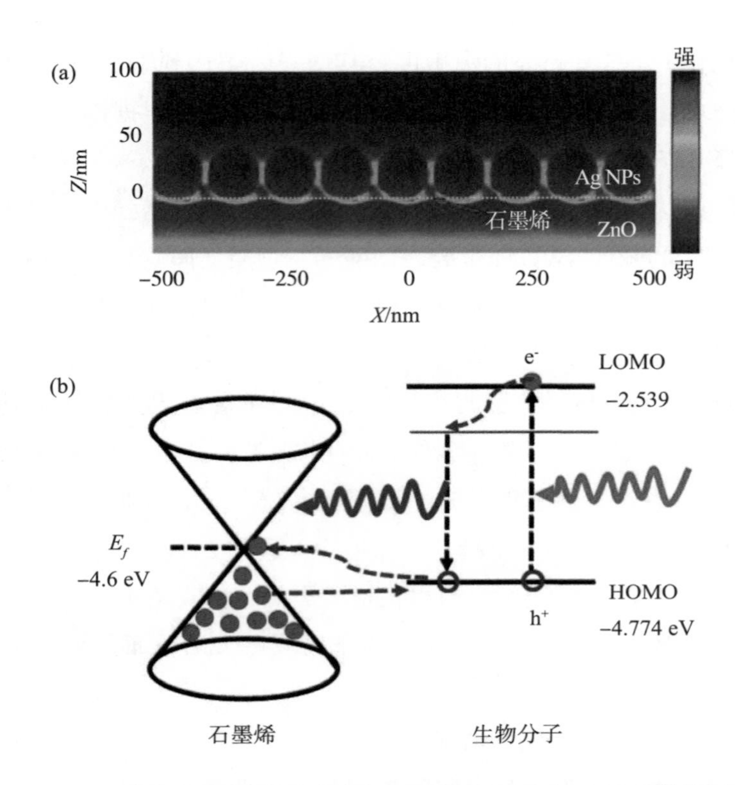

图 5.10　FDTD 仿真复合微腔电场强度分布及石墨烯与生物分子界面拉曼散射过程示意图

（a）利用 FDTD 法仿真模拟 ZnO/ 石墨烯 /Ag-NPs 复合微腔的电场强度分布，ZnO 与石墨烯 /Ag 的边界为 $z = 0$；（b）石墨烯与生物分子界面的拉曼散射过程示意图：当石墨烯费米能级位于生物分子的 HOMO 和 LOMO 能级之间时就会发生电荷转移

5.5　本章小结

本章主要将单层石墨烯转移到 ZnO 微米棒上，并利用小型离子溅射仪溅射 Ag 纳米颗粒构建了 ZnO/ 石墨烯 /Ag 复合 WGM 微腔 SERS 基底。这个复合 SERS 基底对荧光分子 R6G 具有超高的灵敏度，其增强因子达到了 0.95×10^{12}，对生物分子 DA 具有超低检测极限，低至 10^{-15} mol/L。

其显著增强的拉曼信号不仅与 ZnO 几何微腔结构的 WGM 光场限域效应有关，也离不开石墨烯辅助电子转移和 Ag 表面等离激元之间强大的协同耦合作用。因此，这个复合 SERS 基底具有非常高的灵敏度和超低检测限，在生物传感领域中具有非常重要的应用前景。

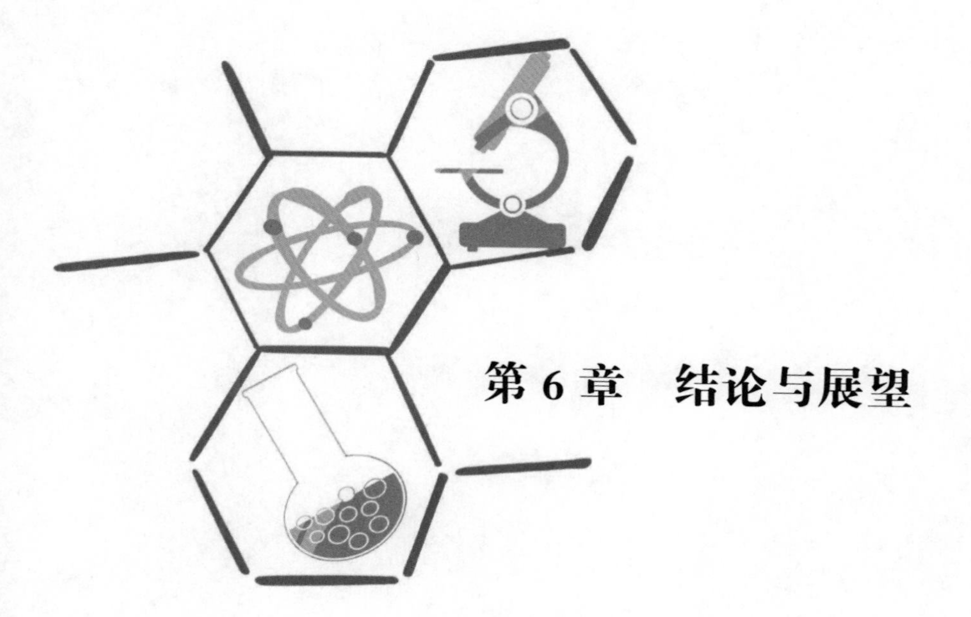

第 6 章　结论与展望

6.1　总结

ZnO具有天然完美的六边形截面和高折射率，其光场在微米棒内壁形成全反射，获得高品质回音壁微腔。表面等离激元是金属表面的自由电子在光场的作用下产生的集体振荡，它对光场具有显著的局域增强效应。石墨烯能显著增强光与物质之间的相互作用并具有明显的光场限域效应，因此，可以利用石墨烯及金属表面等离激元和ZnO激子发光之间的耦合来改善ZnO的紫外发光性能。本书利用气相传输法制备的高质量单晶ZnO微纳结构构建回音壁模微腔，实现了与石墨烯表面等离激元及金属局域表面等离激元更为高效的耦合，制作了ZnO/金属、ZnO/金属/石墨烯、ZnO/石墨烯/金属等复合结构。本研究工作的主要创新点是既利用WGM微腔光场和表面等离激元都集中于界面附近所形成的耦合物理优势，又用ZnO在紫外区的高增益为表面等离激元的短波响应提供高效补偿，将ZnO和金属/石墨烯的优点结合起来，提高了ZnO微纳米材料的光学性能。在充分调研国内外文献的基础上，研究了表面等离激元相关的荧光、激光、拉曼增强等新的物理效应，并取得了一些有意义的结果，具体总结如下。

（1）在ZnO/Au-NPs复合体系中，不仅观察到了ZnO自发辐射增强，还提出了Au表面等离激元辅助的电子转移机制，有效提高了ZnO本征发光强度，并抑制了缺陷发光。同时，系统分析了ZnO激子、光子、声子等之间的相互作用，发现修饰Au纳米颗粒前后ZnO自发辐射的蓝移现象可以归因于Au表面等离激元的引入产生了B-M效应，造成电子跃迁带隙展宽，从而导致谱线蓝移。

（2）在石墨烯 /Al–NPs/ZnO（GAZ）复合 WGM 微腔中，由于在石墨烯 /Al 纳米颗粒表面等离激元的协同耦合作用，其激光增强了 50 多倍。GAZ 复合 WGM 微腔的激射阈值比纯 ZnO 降低了一半。金属 Al 不仅可以使 ZnO 表面粗糙化，并使石墨烯表面等离激元与 ZnO 激子形成高效耦合，同时具有紫外短波区域的等离子体响应，可以与 ZnO 本征发光形成有效的共振耦合，增强 ZnO 发光。

（3）新型 ZnO/ 石墨烯 /Ag 复合 WGM 超灵敏 SERS 基底对生物探针分子实现了超高的灵敏度检测，其增强因子达到了 0.95×10^{12}，且具有超低检测极限，低至 10^{-15} mol/L。其显著增强的拉曼信号不仅与 ZnO 几何微腔结构的 WGM 光场限域效应有关，也离不开石墨烯辅助电子转移和 Ag 表面等离激元耦合作用。

6.2　工作展望

目前，基于表面等离激元效应的金属 / 半导体复合结构研究取得了一定的进展，但石墨烯和金属的表面等离激元的性质及其增强机制仍有很多不太清楚的问题，导致可控性并不理想，限制了对其进一步的利用，有待深入研究和探索。在今后的研究工作中，可以考虑将金属和石墨烯的表面等离激元等物理效应应用于光电器件的性能提升。

（1）可以通过掺杂或电压调控等方式对石墨烯表面等离激元进行调控，进而研究其对 ZnO 和 ZnO/ 金属复合结构的紫外激射行为影响，通过一系列系统研究，有助于更深刻地理解石墨烯表面等离激元及其紫外响应的规律。

（2）在 ZnO 微腔与 p 型材料界面处嵌入石墨烯和金属纳米颗粒，利用其协同耦合增强效应产生的局域表面等离激元将光场能量限制在微腔中，降低能量损耗，获得高品质微激光二极管。

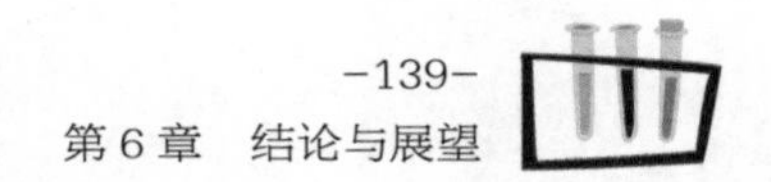

（3）设计和构建表面等离激元光学结构和器件，突破衍射极限，在纳米尺度上操纵和控制光子，实现全光集成，发展更小、更快和更高效的纳米光子学器件。

参考文献

[1] BRUCE W. Zinc oxide: A new larvicide for use in the medication of cattle for the control of horn flies[J]. Journal of the Kansas Entomological Society, 1942, 15(3): 105-107.

[2] DONG Y. Fillers[J]. Wiley Encyclopedia of Composites, 2012(7): 2219.

[3] KLUTH O, SCHÖPE G, HÜPKES J, et al. Modified Thornton model for magnetron sputtered zinc oxide: film structure and etching behaviour[J]. Thin solid films, 2003, 442(1): 80-85.

[4] KONG X Y, DING Y, YANG R, et al. Single-crystal nanorings formed by epitaxial self-coiling of polar nanobelts[J]. Science, 2004, 303(5662): 1348-1351.

[5] PAN Z W, DAI Z R, WANG Z L. Nanobelts of semiconducting oxides[J]. Science, 2001, 291(5510): 1947-1949.

[6] KONG X Y, WANG Z L. Spontaneous polarization-induced nanohelixes, nanosprings, and nanorings of piezoelectric nanobelts[J]. Nano letters, 2003, 3(12): 1625-1631.

[7] SERNELIUS B E, BERGGREN K F, JIN Z C, et al. Band-gap tailoring of ZnO by means of heavy Al doping[J]. Physical Review B, 1988, 37(17): 10244.

[8] ÖZGÜR Ü, ALIVOV Y I, LIU C, et al. A comprehensive review of ZnO materials and devices[J]. Journal of applied physics, 2005, 98(4): 11.

[9] DAI J, XU C, ZHENG K, et al. Whispering gallery-mode lasing in ZnO

microrods at room temperature[J]. Applied physics letters, 2009, 95(24): 241110.

[10] LI J, JIANG M, XU C, et al. Plasmon coupled Fabry-Perot lasing enhancement in graphene/ZnO hybrid microcavity[J]. Scientific reports, 2015, 5: 9263.

[11] WANG Y, XU C, LI J, et al. Improved whispering-gallery mode lasing of ZnO microtubes assisted by the localized surface plasmon resonance of Au nanoparticles[J]. Science of Advanced Materials, 2015, 7(6): 1156-1162.

[12] WANG Y, QIN F, LU J, et al. Plasmon enhancement for Vernier coupled single-mode lasing from ZnO/Pt hybrid microcavities[J]. Nano Research, 2017, 10(10): 3447-3456.

[13] KHAN A, JADWISIENCZAK W M, KORDESCH M E. From Zn microspheres to hollow ZnO microspheres: A simple route to the growth of large scale metallic Zn microspheres and hollow ZnO microspheres[J]. Physica E: Low-dimensional Systems and Nanostructures, 2006, 33(2): 331-335.

[14] SHEN G, DAWAHRE N, WATERS J, et al. Growth, doping, and characterization of ZnO nanowire arrays[J]. Journal of Vacuum Science & Technology B, 2013, 31(4): 041803.

[15] XU C, SUN X W, DONG Z L, et al. Zinc oxide nanodisk[J]. Applied physics letters, 2004, 85(17): 3878-3880.

[16] LIN Y, LI J, XU C, et al. Localized surface plasmon resonance enhanced ultraviolet emission and FP lasing from single ZnO microflower[J]. Applied Physics Letters, 2014, 105(14): 142107.

[17] ZHU Y, ZHANG H, SUN X, et al. Efficient field emission from ZnO nanoneedle arrays[J]. Applied Physics Letters, 2003, 83(1): 144-146.

[18] BRAYNER R, FERRARI-ILIOU R, BRIVOIS N, et al. Toxicological impact studies based on Escherichia coli bacteria in ultrafine ZnO nanoparticles colloidal medium[J]. Nano letters, 2006, 6(4): 866-870.

[19] TIAN Z R, VOIGT J A, LIU J, et al. Biomimetic arrays of oriented helical

ZnO nanorods and columns[J]. Journal of the American Chemical Society, 2002, 124(44): 12954-12955.

[20] PARK H Y, GO H Y, KALME S, et al. Protective antigen detection using horizontally stacked hexagonal ZnO platelets[J]. Analytical chemistry, 2009, 81(11): 4280-4284.

[21] GU B, XU C, YANG C, et al. ZnO quantum dot labeled immunosensor for carbohydrate antigen 19-9[J]. Biosensors and Bioelectronics, 2011, 26(5): 2720-2723.

[22] ZHU G, XU C, ZHU J, et al. Two-photon excited whispering-gallery mode ultraviolet laser from an individual ZnO microneedle[J]. Applied Physics Letters, 2009, 94(5): 051106.

[23] DAI J, XU C, XU X, et al. Controllable fabrication and optical properties of Sn-doped ZnO hexagonal microdisk for whispering gallery mode microlaser[J]. APL Materials, 2013, 1(3): 032105.

[24] LU J, LI J, XU C, et al. Direct Resonant Coupling of Al Surface Plasmon for Ultraviolet Photoluminescence Enhancement of ZnO Microrods[J]. ACS applied materials & interfaces, 2014, 6(20): 18301-18305.

[25] LIN Y, XU C, LI J, et al. Localized Surface Plasmon Resonance-Enhanced Two-Photon Excited Ultraviolet Emission of Au-Decorated ZnO Nanorod Arrays[J]. Advanced Optical Materials, 2013, 1(12): 940-945.

[26] WANG Q, YAN Y, QIN F, et al. A novel ultra-thin-walled ZnO microtube cavity supporting multiple optical modes for bluish-violet photoluminescence, low-threshold ultraviolet lasing and microfluidic photodegradation[J]. NPG Asia Materials, 2017, 9(10): am2017187.

[27] ZHU G. Investigation of the Mode Structures of Multiphoton Induced Ultraviolet Laser in a ZnO Microrod[J]. Journal of Nanotechnology, 2017, 2017: 1-5.

[28] BASHAR S B, WU C, SUJA M, et al. Electrically pumped whispering gallery mode lasing from Au/ZnO microwire schottky junction[J]. Advanced Optical

Materials, 2016, 4(12): 2063-2067.

[29] DAI J, JI Y, XU C, et al. White light emission from CdTe quantum dots decorated n-ZnO nanorods/p-GaN light-emitting diodes[J]. Applied Physics Letters, 2011, 99(6): 063112.

[30] DAI J, XU C X, SUN X W. ZnO - Microrod/p - GaN Heterostructured Whispering - Gallery - Mode Microlaser Diodes[J]. Advanced Materials, 2011, 23(35): 4115-4119.

[31] SUN X W, LING B, ZHAO JL, et al. Ultraviolet emission from a ZnO rod homojunction light-emitting diode[J]. Applied Physics Letters, 2009, 95(13): 133124.

[32] SHI Z, LI Y, ZHANG Y, et al. Electrically pumped ultraviolet lasing in polygonal hollow microresonators: investigation on optical cavity effect[J]. Optics letters, 2016, 41(23): 5608-5611.

[33] LU J, XU C, DAI J, et al. Improved UV photoresponse of ZnO nanorod arrays by resonant coupling with surface plasmons of Al nanoparticles[J]. Nanoscale, 2015, 7(8): 3396-3403.

[34] DAS S N, MOON K J, KAR J P, et al. ZnO single nanowire-based UV detectors[J]. Applied Physics Letters, 2010, 97(2): 022103.

[35] SOCI C, ZHANG A, XIANG B, et al. ZnO nanowire UV photodetectors with high internal gain[J]. Nano letters, 2007, 7(4): 1003-1009.

[36] FU X W, LIAO Z M, ZHOU Y B, et al. Graphene/ZnO nanowire/graphene vertical structure based fast-response ultraviolet photodetector[J]. Applied Physics Letters, 2012, 100(22): 223114.

[37] LI Y, VALLE F D, SIMONNET M, et al. High-performance UV detector made of ultra-long ZnO bridging nanowires[J]. Nanotechnology, 2008, 20(4): 045501.

[38] SHAIKH S, GANBAVLE V, MOHITE S, et al. Chemical synthesis of pinecone like ZnO films for UV photodetector applications[J]. Thin Solid Films, 2017, 642(nov.30): 232-240.

[39] LIU Q, GONG M, COOK B, et al. Oxygen Plasma Surface Activation of Electron - Depleted ZnO Nanoparticle Films for Performance - Enhanced Ultraviolet Photodetectors[J]. Physica Status Solidi (A)Applications and Meterials, 2017, 214(11):1700176.1-1700176.8.

[40] YEOH M E, CHAN K Y. Recent advances in photo - anode for dye - sensitized solar cells: a review[J]. International Journal of Energy Research, 2017, 41(15): 2446-2467.

[41] HUANG Z, DOU Y, WAN K, et al. Enhancing the performance of dye-sensitized solar cells by ZnO nanorods/ZnO nanoparticles composite photoanode[J]. Journal of Materials Science: Materials in Electronics, 2017, 28(23): 17414-17420.

[42] ZHANG Q, DANDENEAU C S, ZHOU X, et al. ZnO nanostructures for dye - sensitized solar cells[J]. Advanced Materials, 2009, 21(41): 4087-4108.

[43] ABDELFATAH M, EL-SHAER A. One step to fabricate vertical submicron ZnO rod arrays by hydrothermal method without seed layer for optoelectronic devices[J]. Materials Letters, 2018, 210(1): 366-369.

[44] YANG T H, WU J M. Thermal stability of sol–gel p-type Al–N codoped ZnO films and electric properties of nanostructured ZnO homojunctions fabricated by spin-coating them on ZnO nanorods[J]. Acta Materialia, 2012, 60(8): 3310-3320.

[45] KIM K, MOON T, KIM J, et al. Electrically driven lasing in light-emitting devices composed of n-ZnO and p-Si nanowires[J]. Nanotechnology, 2011, 22(24): 245203.

[46] TAO P, FENG Q, JIANG J, et al. Electroluminescence from ZnO nanowires homojunction LED grown on Si substrate by simple chemical vapor deposition[J]. Chemical Physics Letters, 2012, 522(1): 92-95.

[47] FLEISCHHAKER F, WLOKA V, HENNIG I. ZnO based field-effect transistors (FETs): solution-processable at low temperatures on flexible substrates[J]. Journal of Materials Chemistry, 2010, 20(32): 6622-6625.

[48] ZONG X, ZHU R. ZnO nanorod-based FET biosensor for continuous glucose monitoring[J]. Sensors and Actuators B: Chemical, 2018, 255: 2448-2453.

[49] AHMAD R, AHN M S, HAHN Y B. ZnO nanorods array based field-effect transistor biosensor for phosphate detection[J]. Journal of Colloid and Interface Science, 2017, 498: 292-297.

[50] RAMGIR N S, YANG Y, ZACHARIAS M. Nanowire - Based Sensors[J]. Small, 2010, 6(16): 1705-1722.

[51] FANG F, FUTTER J, MARKWITZ A, et al. UV and humidity sensing properties of ZnO nanorods prepared by the arc discharge method[J]. Nanotechnology, 2009, 20(24): 245502.

[52] JOSHI A, ASWAL D, GUPTA S, et al. ZnO-nanowires modified polypyrrole films as highly selective and sensitive chlorine sensors[J]. Applied Physics Letters, 2009, 94(10): 103115.

[53] HUANG M H, MAO S, FEICK H, et al. Room-temperature ultraviolet nanowire nanolasers[J]. science, 2001, 292(5523): 1897-1899.

[54] ZU P, TANG Z, WONG G K, et al. Ultraviolet spontaneous and stimulated emissions from ZnO microcrystallite thin films at room temperature[J]. Solid State Communications, 1997, 103(8): 459-463.

[55] TANG Z, WONG G K, YU P, et al. Room-temperature ultraviolet laser emission from self-assembled ZnO microcrystallite thin films[J]. Applied Physics Letters, 1998, 72(25): 3270-3272.

[56] CHU S, WANG G, ZHOU W, et al. Electrically pumped waveguide lasing from ZnO nanowires[J]. Nature nanotechnology, 2011, 6(8): 506-510.

[57] HASHIZUME J, KOYAMA F. Plasmon-enhancement of optical near-field of metal nanoaperture surface-emitting laser[J]. Applied physics letters, 2004, 84(17): 3226-3228.

[58] ABIYASA A, YU S, LAU S, et al. Enhancement of ultraviolet lasing from Ag-coated highly disordered ZnO films by surface-plasmon resonance[J]. Applied physics letters, 2007, 90(23): 231106.

[59] WANG C S, LIN H Y, LIN J M, et al. Surface-plasmon-enhanced ultraviolet random lasing from ZnO nanowires assisted by Pt nanoparticles[J]. Applied Physics Express, 2012, 5(6): 062003.

[60] ZHANG Z, LI Y, LIU W, et al. Lasing effect enhanced by optical Tamm state with in-plane lattice plasmon[J]. Journal of Optics, 2016, 18(2): 025103.

[61] KIM S H, HAN W S, JEONG T Y, et al. Broadband Surface Plasmon Lasing in One-dimensional Metallic Gratings on Semiconductor[J]. Scientific reports, 2017, 7(1): 7907.

[62] LI J, XU C, NAN H, et al. Graphene surface plasmon induced optical field confinement and lasing enhancement in ZnO whispering-gallery microcavity[J]. ACS applied materials & interfaces, 2014, 6(13): 10469-10475.

[63] JIE Z, PENGYUE Z, YIMIN D, et al. Ag-Cu Nanoparticles Encaptured by Graphene with Magnetron Sputtering and CVD for Surface-Enhanced Raman Scattering[J]. Plasmonics, 2016, 11(6): 1495-1504.

[64] LEEM J, WANG M C, KANG P, et al. Mechanically self-assembled, three-dimensional graphene–gold hybrid nanostructures for advanced nanoplasmonic sensors[J]. Nano letters, 2015, 15(11): 7684-7690.

[65] WANG Z L. Nanostructures of zinc oxide[J]. Materials today, 2004, 7(6): 26-33.

[66] WANG Z L. ZnO nanowire and nanobelt platform for nanotechnology[J]. Materials Science and Engineering: R: Reports, 2009, 64(3): 33-71.

[67] KLINGSHIRN C. ZnO: From basics towards applications[J]. Physica status solidi (b), 2007, 244(9): 3027-3073.

[68] VAYSSIERES L. Growth of arrayed nanorods and nanowires of ZnO from aqueous solutions[J]. Advanced Materials, 2003, 15(5): 464-466.

[69] VAYSSIERES L, KEIS K, LINDQUIST S E, et al. Purpose-built anisotropic metal oxide material: 3D highly oriented microrod array of ZnO[J]. The Journal of Physical Chemistry B, 2001, 105(17): 3350-3352.

[70] BOYLE D S, GOVENDER K, O'Brien P. Novel low temperature solution deposition of perpendicularly orientated rods of ZnO: substrate effects and evidence of the importance of counter-ions in the control of crystallite growth[J]. Chemical Communications, 2002(1): 80-81.

[71] VANHEUSDEN K, SEAGER C, WARREN W L, et al. Correlation between photoluminescence and oxygen vacancies in ZnO phosphors[J]. Applied physics letters, 1996, 68(3): 403-405.

[72] VANHEUSDEN K, WARREN W, SEAGER C, et al. Mechanisms behind green photoluminescence in ZnO phosphor powders[J]. Journal of Applied Physics, 1996, 79(10): 7983-7990.

[73] LIU Y, XU C, LU J, et al. Template-free synthesis of porous ZnO/Ag microspheres as recyclable and ultra-sensitive SERS substrates[J]. Applied Surface Science, 2018, 427: 830-836.

[74] YANG P, YAN H, MAO S, et al. Controlled growth of ZnO nanowires and their optical properties[J]. Advanced Functional Materials, 2002, 12(5): 323.

[75] LI S Y, LEE C Y, TSENG T Y. Copper-catalyzed ZnO nanowires on silicon (100) grown by vapor–liquid–solid process[J]. Journal of Crystal Growth, 2003, 247(3): 357-362.

[76] DING Y, GAO P X, WANG Z L. Catalyst– nanostructure interfacial lattice mismatch in determining the shape of VLS grown nanowires and nanobelts: a case of Sn/ZnO[J]. Journal of the American Chemical Society, 2004, 126(7): 2066-2072.

[77] HUANG M H, WU Y, FEICK H, et al. Catalytic growth of zinc oxide nanowires by vapor transport[J]. Advanced Materials, 2001, 13(2): 113-116.

[78] XU C, SUM X W, DONG Z L, et al. Nanostructured single-crystalline twin disks of zinc oxide[J]. Crystal Growth & Design, 2007, 7(3): 541-544.

[79] WAGNER R, ELLIS W. Vapor - liquid - solid mechanism of single crystal growth[J]. Applied Physics Letters, 1964, 4(5): 89-90.

[80] HU J, ODOM T W, LIEBER C M. Chemistry and physics in one dimension:

synthesis and properties of nanowires and nanotubes[J]. Accounts of chemical research, 1999, 32(5): 435-445.

[81] PECZ B, EL-SHAER A, BAKIN A, et al. Structural characterization of ZnO films grown by molecular beam epitaxy on sapphire with MgO buffer[J]. Journal of applied physics, 2006, 100(10): 103506.

[82] NAKAMURA D, SHIMOGAKI T, TANAKA T, et al., editors. Fabrication and bandgap engineering of doped ZnO microspheres by simple laser ablation in air[J]. Proc of SPIE, 2016(1): 73511.

[83] NAKAMURA D, SIMOGAKI T, OKAZAKI K, et al. Synthesis of various sized ZnO microspheres by laser ablation and their lasing characteristics[J]. Journal of Laser Micro Nanoengineering, 2013, 8(3): 296.

[84] LIU B, HU Z, CHE Y, et al. Growth of ZnO nanoparticles and nanorods with ultrafast pulsed laser deposition[J]. Applied Physics A: Materials Science & Processing, 2008, 93(3): 813-818.

[85] HAHN B, HEINDEL G, Pschorr-Schoberer E, et al. MOCVD layer growth of ZnO using DMZn and tertiary butanol[J]. Semiconductor science and technology, 1998, 13(7): 788.

[86] LEE W, JEONG M C, MYOUNG J M. Catalyst-free growth of ZnO nanowires by metal-organic chemical vapour deposition (MOCVD) and thermal evaporation[J]. Acta Materialia, 2004, 52(13): 3949-3957.

[87] XU C, SUN X W, YUEN C, et al. Ultraviolet amplified spontaneous emission from self-organized network of zinc oxide nanofibers[J]. Applied Physics Letters, 2005, 86(1): 011118.

[88] DAI J, XU C, WU P, et al. Exciton and electron-hole plasma lasing in ZnO dodecagonal whispering-gallery-mode microcavities at room temperature[J]. Applied Physics Letters, 2010, 97(1): 011101.

[89] LU J, ZHU Q, ZHU Z, et al. Plasmon-mediated exciton–phonon coupling in a ZnO microtower cavity[J]. Journal of Materials Chemistry C, 2016, 4(33): 7718-7723.

[90] ZHU Q, LU J, WANG Y, et al. Burstein-moss effect behind Au surface plasmon enhanced intrinsic emission of ZnO microdisks[J]. Scientific reports, 2016(1): 6.

[91] YU S, YUEN C, LAU S, et al. Random laser action in ZnO nanorod arrays embedded in ZnO epilayers[J]. Applied physics letters, 2004, 84(17): 3241-3243.

[92] YAN H, HE R, JOHNSON J, et al. Dendritic nanowire ultraviolet laser array[J]. Journal of the American Chemical Society, 2003, 125(16): 4728-4729.

[93] GARGAS D J, MOORE M C, NI A, et al. Whispering gallery mode lasing from zinc oxide hexagonal nanodisks[J]. ACS nano, 2010, 4(6): 3270-3276.

[94] HSU H C, WU C Y, HSIEH W F. Stimulated emission and lasing of random-growth oriented ZnO nanowires[J]. Journal of applied physics, 2005, 97(6): 064315.

[95] CSO H, ZHAO Y, HO S, et al. Random laser action in semiconductor powder[J]. Physical review letters, 1999, 82(11): 2278.

[96] YANG H, LAU S, YU S, et al. High-temperature random lasing in ZnO nanoneedles[J]. Applied physics letters, 2006, 89(1): 011103.

[97] WANG N, YANG Y, YANG G. Fabry–Pérot and whispering gallery modes enhanced luminescence from an individual hexagonal ZnO nanocolumn[J]. Applied physics letters, 2010, 97(4): 041917.

[98] ZIMMLER M A, Bao J, CAPASSO F, et al. Laser action in nanowires: Observation of the transition from amplified spontaneous emission to laser oscillation[J]. Applied Physics Letters, 2008, 93(5): 051101.

[99] GOVENDER K, BOYLE DS, O’Brien P, et al. Room - Temperature Lasing Observed from ZnO Nanocolumns Grown by Aqueous Solution Deposition[J]. Advanced Materials, 2002, 14(17): 1221-1224.

[100] CZEKALLA C, NOBIS T, RAHM A, et al. Whispering gallery modes in zinc oxide micro - and nanowires[J]. Physica status solidi, 2010, 247(6): 1282-1293.

[101] CZEKALLA C, STURM C, SCHMIDT-GRUND R, et al. Whispering gallery mode lasing in zinc oxide microwires[J]. Applied physics letters, 2008, 92(24): 241102.

[102] STASSINOPOULOS A, DAS R, GIANNELIS E, et al. Random lasing from surface modified films of zinc oxide nanoparticles[J]. Applied surface science, 2005, 247(1): 18-24.

[103] YU S, YUEN C, LAU S, et al. Zinc oxide thin-film random lasers on silicon substrate[J]. Applied physics letters, 2004, 84(17): 3244-3246.

[104] CHELNOKOV E, BITYURIN N, OZEROV I, et al. Two-photon pumped random laser in nanocrystalline ZnO[J]. Applied physics letters, 2006, 89(17): 171119.

[105] THAREJA R, MITRA A. Random laser action in ZnO[J]. Applied Physics B: Lasers and Optics, 2000, 71(2): 181-184.

[106] CAO H, XU J, ZHANG D, et al. Spatial confinement of laser light in active random media[J]. Physical review letters, 2000, 84(24): 5584.

[107] CAO H, ZHAO Y, ONG H, et al. Ultraviolet lasing in resonators formed by scattering in semiconductor polycrystalline films[J]. Applied Physics Letters, 1998, 73(25): 3656-3658.

[108] CHOY J H, JANG E S, WON J H, et al. Soft Solution Route to Directionally Grown ZnO Nanorod Arrays on Si Wafer; Room - Temperature Ultraviolet Laser[J]. Advanced Materials, 2003, 15(22): 1911-1914.

[109] ZHU Q, QIN F, LU J, et al. Dual-band Fabry-Perot lasing from single ZnO microbelt[J]. Optical Materials, 2016, 60: 366-372.

[110] WANG D, SEO H, TIN C C, et al. Lasing in whispering gallery mode in ZnO nanonails[J]. Journal of applied physics, 2006, 99(9): 093112.

[111] DAI J, XU C, LI J, et al. Photoluminescence and two-photon lasing of ZnO: Sn microdisks[J]. The Journal of Physical Chemistry C, 2014, 118(26): 14542-14547.

[112] ZHU G, XU C, CAI L, et al. Lasing behavior modulation for ZnO whispering-

gallery microcavities[J]. ACS applied materials & interfaces, 2012, 4(11): 6195-6201.

[113] ZHU G, LI J, LI P, et al. Different wavelength ranges' WGM lasing from a ZnO microrod/R6G: PMMA microcavity[J]. EPL (Europhysics Letters), 2015, 110(6): 67007.

[114] DAI J, XU C, SHI Z, et al. Three-photon absorption induced whispering gallery mode lasing in ZnO twin-rods microstructure[J]. Optical Materials, 2011, 33(3): 288-291.

[115] DAI J, XU C, SUN L, et al. Multiphoton absorption-induced optical whispering-gallery modes in ZnO microcavities at room temperature[J]. Journal of Physics D: Applied Physics, 2010, 44(2): 025404.

[116] DAI J, XU C, DING R, et al. Combined whispering gallery mode laser from hexagonal ZnO microcavities[J]. Applied physics letters, 2009, 95(19): 191117.

[117] DAI J, XU C, NAKAMURA T, et al. Electron–hole plasma induced band gap renormalization in ZnO microlaser cavities[J]. Optics express, 2014, 22(23): 28831-28837.

[118] DAI J, XU C, SUN X, et al. Exciton-polariton microphotoluminescence and lasing from ZnO whispering-gallery mode microcavities[J]. Applied physics letters, 2011, 98(16): 161110.

[119] LEONHARDT U. Optical metamaterials: Invisibility cup[J]. Nature photonics, 2007, 1(4): 207-208.

[120] MAIER S A, ATWATER H A. Plasmonics: Localization and guiding of electromagnetic energy in metal/dielectric structures[J]. Journal of applied physics, 2005, 98(1): 10.

[121] GARTIA M R, HSIAO A, Pokhriyal A, et al. Colorimetric plasmon resonance imaging using nano lycurgus cup arrays[J]. Advanced Optical Materials, 2013, 1(1): 68-76.

[122] RITCHIE R. Plasma losses by fast electrons in thin films[J]. Physical Review,

1957, 106(5): 874.

[123] BARNES W L, DEREUX A, EBBESEN T W. Surface plasmon subwavelength optics[J]. Nature, 2003, 424(6950): 824-830.

[124] ZHU Q, HU C, WANG W, et al. Surface plasmon interference pattern on the surface of a silver-clad planar waveguide as a sub-micron lithography tool[J]. SCIENCE CHINA Physics, Mechanics & Astronomy, 2011, 54(2): 240-244.

[125] BOUHELIER A, IGANTOVICH F, BRUYANT A, et al. Surface plasmon interference excited by tightly focused laser beams[J]. Optics letters, 2007, 32(17): 2535-2537.

[126] SHERRY L J, CHANG S H, SCHATZ G C, et al. Localized surface plasmon resonance spectroscopy of single silver nanocubes[J]. Nano letters, 2005, 5(10): 2034-2038.

[127] SHERRY L J, JIN R, MIRKIN C A, et al. Localized surface plasmon resonance spectroscopy of single silver triangular nanoprisms[J]. Nano letters, 2006, 6(9): 2060-2065.

[128] LANGHAMMER C, SCHWIND M, KASEMO B, et al. Localized surface plasmon resonances in aluminum nanodisks[J]. Nano letters, 2008, 8(5): 1461-1471.

[129] KELLY K L, COEONADO E, ZHAO L L, et al. The optical properties of metal nanoparticles: the influence of size, shape, and dielectric environment[J]. Cheminform, 2003, 34(16): 668-677.

[130] PERRAULT S D, CHAN W C. Synthesis and surface modification of highly monodispersed, spherical gold nanoparticles of 50– 200 nm[J]. Journal of the American Chemical Society, 2009, 131(47): 17042-17043.

[131] LIU S, CHEN G, PRASAD P N, et al. Synthesis of monodisperse Au, Ag, and Au–Ag alloy nanoparticles with tunable size and surface plasmon resonance frequency[J]. Chemistry of Materials, 2011, 23(18): 4098-4101.

[132] BECKER J, ZINS I, JAKAB A, et al. Plasmonic focusing reduces ensemble linewidth of silver-coated gold nanorods[J]. Nano letters, 2008, 8(6): 1719-

1723.
[133] LU J, XU C, DAI J, et al. Plasmon-enhanced whispering gallery mode lasing from hexagonal Al/ZnO microcavity[J]. ACS Photonics, 2014, 2(1): 73-77.
[134] LANGHAMMER C, YUAN Z, ZORIĆ I, et al. Plasmonic properties of supported Pt and Pd nanostructures[J]. Nano letters, 2006, 6(4): 833-838.
[135] MURPHY C, JANA N. Controlling the Aspect Ratio of Inorganic Nanorods and Nanowires[J]. Advanced Materials, 2002, 14(1): 80-82.
[136] SUN Y, XIA Y. Shape-controlled synthesis of gold and silver nanoparticles[J]. Science, 2002, 298(5601): 2176-2179.
[137] STAMPLECOSKIE K G, SCAIANO J C, TIWARI V S, et al. Optimal size of silver nanoparticles for surface-enhanced Raman spectroscopy[J]. The Journal of Physical Chemistry C, 2011, 115(5): 1403-1409.
[138] MOCK J J, SMITH D R, SCHULTZ S. Local refractive index dependence of plasmon resonance spectra from individual nanoparticles[J]. Nano letters, 2003, 3(4): 485-491.
[139] KROTO HW, HEATH J R, O'BRIEN S C, et al. C60: Buckminsterfullerene[J]. Nature, 1985, 318(6042): 162-163.
[140] IIJIMA S. Helical microtubules of graphitic carbon[J]. Nature, 1991, 354(6348): 56-58.
[141] NOVOSELOV K S, GEIM A K, MOROZOV S V, et al. Electric field effect in atomically thin carbon films[J]. science, 2004, 306(5696): 666-669.
[142] LUO X, QIU T, LU W, et al. Plasmons in graphene: recent progress and applications[J]. Materials Science and Engineering: R: Reports, 2013, 74(11): 351-376.
[143] NETO A C, GUINEA F, PERES N M, et al. The electronic properties of graphene[J]. Reviews of modern physics, 2009, 81(1): 109.
[144] KATSNELSON MI. Graphene: carbon in two dimensions[J]. Materials today, 2007, 10(1): 20-27.
[145] NOVOSELOV K S, GEIM A K, MOROZOV S, et al. Two-dimensional gas of

massless Dirac fermions in graphene[J]. Nature, 2005, 438(7065): 197-200.

[146] AVOURIS P, DIMITRAKOPOULOS C. Graphene: synthesis and applications[J]. Materials today, 2012, 15(3): 86-97.

[147] ZHANG Y, TAN Y W, STORMER H L, et al. Experimental observation of the quantum Hall effect and Berry's phase in graphene[J]. Nature, 2005, 438(7065): 201-204.

[148] ISHIGAMI M, CHEN J, CULLEN W, et al. Atomic structure of graphene on SiO_2[J]. Nano letters, 2007, 7(6): 1643-1648.

[149] BOLOTIN K I, SIKES K, JIANG Z, et al. Ultrahigh electron mobility in suspended graphene[J]. Solid State Communications, 2008, 146(9): 351-355.

[150] LI J, LIN Y, LU J, et al. Single mode ZnO whispering-gallery submicron cavity and graphene improved lasing performance[J]. ACS nano, 2015, 9(7): 6794-6800.

[151] DESPOJA V, NOVKO D, DEKANIĆ K, et al. Two-dimensional and π plasmon spectra in pristine and doped graphene[J]. Physical Review B, 2013, 87(7): 075447.

[152] TREVISANUTTO P E, GIORGETTI C, REINING L, et al. Ab Initio G W Many-Body Effects in Graphene[J]. Physical review letters, 2008, 101(22): 226405.

[153] EBERLEIN T, BANGERT U, NAIR R, et al. Plasmon spectroscopy of free-standing graphene films[J]. Physical Review B, 2008, 77(23): 233406.

[154] JIANG M, LI J, XU C, et al. Graphene induced high-Q hybridized plasmonic whispering gallery mode microcavities[J]. Optics express, 2014, 22(20): 23836-23850.

[155] JABLAN M, BULJAN H, SOLJAČIĆ M. Plasmonics in graphene at infrared frequencies[J]. Physical review B, 2009, 80(24): 245435.

[156] KOPPENSICH F, CHANG D E, ABAJO F D S, et al. Graphene plasmonics: A platform for strong light-matter interactions[J]. Optics and Photonics News, 2011, 22(12): 3370-3377.

[157] GASS M H, BANGERT U, BLELOCH A L, et al. Free-standing graphene at atomic resolution[J]. Nature nanotechnology, 2008, 3(11): 676-681.

[158] FANG Z, WANG Y, LIU Z, et al. Plasmon-induced doping of graphene[J]. ACS nano, 2012, 6(11): 10222-10228.

[159] JU L, GENG B, HORNG J, et al. Graphene plasmonics for tunable terahertz metamaterials[J]. Nature nanotechnology, 2011, 6(10): 630-634.

[160] YAN H, LI X, CHANDRA B, et al. Tunable infrared plasmonic devices using graphene/insulator stacks[J]. Nature nanotechnology, 2012, 7(5): 330-334.

[161] VAKIL A, ENGHETA N. Transformation optics using graphene[J]. Science, 2011, 332(6035): 1291-1294.

[162] GRIGORENKO A, POLINI M, NOVOSELOV K. Graphene plasmonics[J]. Nature photonics, 2012, 6(11): 749-758.

[163] PAPASIMAKIS N, LUO Z, SHEN Z X, et al. Graphene in a photonic metamaterial[J]. Optics express, 2010, 18(8): 8353-8359.

[164] RANA F. Graphene terahertz plasmon oscillators[J]. IEEE Transactions on Nanotechnology, 2008, 7(1): 91-99.

[165] XU H J, LU W B, JIANG Y, et al. Beam-scanning planar lens based on graphene[J]. Applied Physics Letters, 2012, 100(5): 1291.

[166] KIM JT, CHOI S Y. Graphene-based plasmonic waveguides for photonic integrated circuits[J]. Optics express, 2011, 19(24): 24557-24562.

[167] LU W B, ZHU W, XU H J, et al. Flexible transformation plasmonics using graphene[J]. Optics express, 2013, 21(9): 10475-10482.

[168] LAI C, AN J, ONG H. Surface-plasmon-mediated emission from metal-capped ZnO thin films[J]. Applied Physics Letters, 2005, 86(25): 251105.

[169] CHENG P, LI D, YUAN Z, et al. Enhancement of ZnO light emission via coupling with localized surface plasmon of Ag island film[J]. Applied Physics Letters, 2008, 92(4): 041119.

[170] LIU K, TANG Y, CONG C, et al. Giant enhancement of top emission from ZnO thin film by nanopatterned Pt[J]. Applied Physics Letters, 2009, 94(15):

151102.

[171] WANG Y, XU C, JIANG M, et al. Lasing mode regulation and single-mode realization in ZnO whispering gallery microcavities by the Vernier effect[J]. Nanoscale, 2016, 8(37): 16631-16639.

[172] LIU X, ZHANG Q, YIP J N, et al. Wavelength tunable single nanowire lasers based on surface plasmon polariton enhanced Burstein–Moss effect[J]. Nano letters, 2013, 13(11): 5336-5343.

[173] ZHANG Q, LI G, LIU X, et al. A room temperature low-threshold ultraviolet plasmonic nanolaser[J]. Nature communications, 2014, 5: 4953.

[174] MA R M, OULTON R F, SORGER V J, et al. Room-temperature sub-diffraction-limited plasmon laser by total internal reflection[J]. Nature materials, 2011, 10(2): 110-113.

[175] OULTON R F, SORGER V J, ZENTGRAF T, et al. Plasmon lasers at deep subwavelength scale[J]. Nature, 2009, 461(7264): 629-632.

[176] SIDIROPOULOS T P, RÖDER R, GEBURT S, et al. Ultrafast plasmonic nanowire lasers near the surface plasmon frequency[J]. Nature Physics, 2014, 10(11): 870-876.

[177] LU J, JIANG M, WEI M, et al. Plasmon-induced accelerated exciton recombination dynamics in ZnO/Ag hybrid nanolasers[J]. ACS Photonics, 2017, 4(10): 2419-2424.

[178] LIN D, WU H, ZHANG W, et al. Enhanced UV photoresponse from heterostructured Ag–ZnO nanowires[J]. Applied Physics Letters, 2009, 94(17): 172103.

[179] TIAN C, JIANG D, LI B, et al. Performance enhancement of ZnO UV photodetectors by surface plasmons[J]. ACS applied materials & interfaces, 2014, 6(3): 2162-2166.

[180] LIU K, SAKURAI M, LIAO M, et al. Giant improvement of the performance of ZnO nanowire photodetectors by Au nanoparticles[J]. The Journal of Physical Chemistry C, 2010, 114(46): 19835-19839.

[181] LIU R, FU X W, MENG J, et al. Graphene plasmon enhanced photoluminescence in ZnO microwires[J]. Nanoscale, 2013, 5(12): 5294-5298.

[182] HWANG S W, SHIN D H, KIM C O, et al. Plasmon-enhanced ultraviolet photoluminescence from hybrid structures of graphene/ZnO films[J]. Physical review letters, 2010, 105(12): 127403.

[183] CHENG S H, YEH Y C, LU M L, et al. Enhancement of laser action in ZnO nanorods assisted by surface plasmon resonance of reduced graphene oxide nanoflakes[J]. Optics express, 2012, 20(106): A799-A805.

[184] TANG H, MENG G, HUANG Q, et al. Arrays of Cone - Shaped ZnO Nanorods Decorated with Ag Nanoparticles as 3D Surface - Enhanced Raman Scattering Substrates for Rapid Detection of Trace Polychlorinated Biphenyls[J]. Advanced Functional Materials, 2012, 22(1): 218-224.

[185] ZU P, TANG Z, WONG G K, et al. Ultraviolet spontaneous and stimulated emissions from ZnO microcrystallite thin films at room temperature[J]. Solid State Communications, 1997, 103(8): 459-463.

[186] TANG Z, WONG G K, YU P, et al. Room-temperature ultraviolet laser emission from self-assembled ZnO microcrystallite thin films[J]. Applied Physics Letters, 1998, 72(25): 3270-3272.

[187] WANG Y, XU C, LI J, et al. Improved Whispering-Gallery Mode Lasing of ZnO Microtubes Assisted by the Localized Surface Plasmon Resonance of Au Nanoparticles[J]. Science of Advanced Materials, 2015, 7(6): 1156-1162.

[188] XIAO X, REN F, ZHOU X, et al. Surface plasmon-enhanced light emission using silver nanoparticles embedded in ZnO[J]. Applied Physics Letters, 2010, 97(7): 071909.

[189] LIN JM, LIN H Y, CHENG C L, et al. Giant enhancement of bandgap emission of ZnO nanorods by platinum nanoparticles[J]. Nanotechnology, 2006, 17(17): 4391.

[190] LU J, LI J, XU C, et al. Direct Resonant Coupling of Al Surface Plasmon for Ultraviolet Photoluminescence Enhancement of ZnO Microrods[J]. ACS

applied materials & interfaces, 2014, 6(20): 18301-18305.

[191] BURSTEIN E. Anomalous optical absorption limit in InSb[J]. Physical Review, 1954, 93(3): 632.

[192] MOSS T. The interpretation of the properties of indium antimonide[J]. Proceedings of the Physical Society Section B, 1954, 67(10): 775.

[193] LIU X, ZHANG Q, YIP J N, et al. Wavelength tunable single nanowire lasers based on surface plasmon polariton enhanced Burstein–Moss effect[J]. Nano letters, 2013, 13(11): 5336-5343.

[194] BANYAI L, KOCH S W. Absorption blue shift in laser-excited semiconductor microspheres[J]. Physical review letters, 1986, 57(21): 2722.

[195] YANG Y, CHEN X, FENG Y, et al. Physical mechanism of blue-shift of UV luminescence of a single pencil-like ZnO nanowire[J]. Nano letters, 2007, 7(12): 3879-83.

[196] LAI H C, BASHEER T, KUZNETSOV V L, et al. Dopant-induced bandgap shift in Al-doped ZnO thin films prepared by spray pyrolysis[J]. Journal of Applied Physics, 2012, 112(8): 083708.

[197] SHEN G, DAWAHRE N, WATERS J, et al. Growth, doping, and characterization of ZnO nanowire arrays[J]. Journal of Vacuum Science & Technology B, 2013, 31(4): 041803.

[198] FENEBERG M, OSTERBURG S, LANGE K, et al. Band gap renormalization and Burstein-Moss effect in silicon-and germanium-doped wurtzite GaN up to 10^{20} cm^{-3}[J]. Physical Review B, 2014, 90(7): 075203.

[199] SUN Q C, YADGAROV L, ROSENTSVEIG R, et al. Observation of a Burstein–Moss Shift in Rhenium-Doped MoS_2 Nanoparticles[J]. ACS nano, 2013, 7(4): 3506-3511.

[200] XU C, SUN X W, DONG Z L, et al. Zinc oxide nanodisk[J]. Applied physics letters, 2004, 85(17): 3878-3880.

[201] DAI J, XU C, XU X, et al. Controllable fabrication and optical properties of Sn-doped ZnO hexagonal microdisk for whispering gallery mode

microlaser[J]. APL Materials, 2013, 1(3): 032105.

[202] XU C, LI X, ZHU G, et al. Electronic Structure and Defect-Related Optical Transition in Nanostructural ZnO[J]. Nanoscience and Nanotechnology Letters, 2013, 5(2): 137-142.

[203] WEI X, MAN B, LIU M, et al. Blue luminescent centers and microstructural evaluation by XPS and Raman in ZnO thin films annealed in vacuum, N_2 and O_2[J]. Physica B: Condensed Matter, 2007, 388(1): 145-152.

[204] AHN C H, KIM Y Y, KIM D C, et al. A comparative analysis of deep level emission in ZnO layers deposited by various methods[J]. Journal of Applied Physics, 2009, 105(1): 013502.

[205] LIN B, FU Z, JIA Y. Green luminescent center in undoped zinc oxide films deposited on silicon substrates[J]. Applied Physics Letters, 2001, 79(7): 943-945.

[206] XU P, SUN Y, SHI C, et al. The electronic structure and spectral properties of ZnO and its defects[J]. Nuclear Instruments and Methods in Physics Research Section B: Beam Interactions with Materials and Atoms, 2003, 199: 286-90.

[207] CHENG P, LI D, YUAN Z, et al. Enhancement of ZnO light emission via coupling with localized surface plasmon of Ag island film[J]. Applied Physics Letters, 2008, 92(4): 041119.

[208] LIU W Z, XU H Y, WANG C L, et al. Enhanced ultraviolet emission and improved spatial distribution uniformity of ZnO nanorod array light-emitting diodes via Ag nanoparticles decoration[J]. Nanoscale, 2013, 5(18): 8634-8639.

[209] LIU K, TANG Y, CONG C, et al. Giant enhancement of top emission from ZnO thin film by nanopatterned Pt[J]. Applied Physics Letters, 2009, 94(15): 151102.

[210] CHENG C, SIE E, LIU B, et al. Surface plasmon enhanced band edge luminescence of ZnO nanorods by capping Au nanoparticles[J]. Applied Physics Letters, 2010, 96(7): 071107.

[211] CHEN S, PAN X, HE H, et al. Enhanced photoluminescence of nonpolar p-type

ZnO film by surface plasmon resonance and electron transfer[J]. Optics letters, 2015, 40(4): 649-652.

[212] ZHANG N, TANG W, WANG P, et al. In situ enhancement of NBE emission of Au–ZnO composite nanowires by SPR[J]. CrystEngComm, 2013, 15(17): 3301.

[213] SKRIVER H L, ROSENGAARD N M. Surface energy and work function of elemental metals[J]. Physical Review B, 1992, 46(11): 7157-7168.

[214] ZHANG Y, LI X, REN X. Effects of localized surface plasmons on the photoluminescence properties of Au-coated ZnO films[J]. Optics Express, 2009, 17(11): 8735-8740.

[215] FAN X, XU C, HAO X, et al. Synthesis and optical properties of Janus structural ZnO/Au nanocomposites[J]. EPL (Europhysics Letters), 2014, 106(6): 67001.

[216] LIN Y, LI J, XU C, et al. Localized surface plasmon resonance enhanced ultraviolet emission and FP lasing from single ZnO microflower[J]. Applied Physics Letters, 2014, 105(14): 142107.

[217] LAYANI M E, BEN MOSHE A, VARENIK M, et al. Chiroptical activity in silver cholate nanostructures induced by the formation of nanoparticle assemblies[J]. The Journal of Physical Chemistry C, 2013, 117(43): 22240-22244.

[218] DIFFERT D, PFEIFFER W, DIESING D. Scanning internal photoemission microscopy for the identification of hot carrier transport mechanisms[J]. Applied Physics Letters, 2012, 101(11): 111608.

[219] KAWAKAMI Y, OMAE K, KANETA A, et al. Radiative and nonradiative recombination processes in GaN-based semiconductors[J]. Physica Status Solidia Applied Research, 2001, 183(1): 41-50.

[220] WANG Y, HE H, ZHANG Y, et al. Metal enhanced photoluminescence from Al-capped ZnMgO films: The roles of plasmonic coupling and non-radiative recombination[J]. Applied Physics Letters, 2012, 100(11): 112103.

[221] CHENG C, LIU B, SIE E J, et al. ZnCdO/ZnO coaxial multiple quantum well nanowire heterostructures and optical properties[J]. The Journal of Physical Chemistry C, 2010, 114(9): 3863-3868.

[222] HE H, YANG Q, LIU C, et al. Size-dependent surface effects on the photoluminescence in ZnO nanorods[J]. The Journal of Physical Chemistry C, 2010, 115(1): 58-64.

[223] REYNOLDS D, LOOK D C, JOGAI B, et al. Neutral-donor–bound-exciton complexes in ZnO crystals[J]. Physical Review B, 1998, 57(19): 12151.

[224] TEKE A, ÖZGÜR Ü, DOĞAN S, et al. Excitonic fine structure and recombination dynamics in single-crystalline ZnO[J]. Physical Review B, 2004, 70(19): 195207.

[225] DING H, ZHAO Z, ZHANG G, et al. Oxygen Vacancy: An Electron–Phonon Interaction Decoupler to Modulate the Near-Band-Edge Emission of ZnO Nanorods[J]. The Journal of Physical Chemistry C, 2012, 116(32): 17294-17299.

[226] JOHNSON P B, CHRISTY R W. Optical constants of the noble metals[J]. Physical review B, 1972, 6(12): 4370.

[227] PUTHUSSERY J, LAN A, KOSEL T H, et al. Band-filling of solution-synthesized CdS nanowires[J]. ACS nano, 2008, 2(2): 357-367.

[228] DUAN X, HUANG Y, AGARWAL R, et al. Single-nanowire electrically driven lasers[J]. Nature, 2003, 421(6920): 241-245.

[229] PAUZAUSKIE P J, YANG P. Nanowire photonics[J]. Materials Today, 2006, 9(10): 36-45.

[230] SHARMA S N, PILLAI Z S, KAMAT P V. Photoinduced charge transfer between CdSe quantum dots and p-phenylenediamine[J]. The Journal of Physical Chemistry B, 2003, 107(37): 10088-10093.

[231] SUBRAMANIAN V, WOLF E E, KAMAT P V. Green emission to probe photoinduced charging events in ZnO-Au nanoparticles. Charge distribution and fermi-level equilibration[J]. The Journal of Physical Chemistry B, 2003,

107(30): 7479-7485.

[232] ARDO S, SUN Y, STANISZEWSKI A, et al. Stark effects after excited-state interfacial electron transfer at sensitized TiO2 nanocrystallites[J]. Journal of the American Chemical Society, 2010, 132(19): 6696-6709.

[233] CHEN R, ZHU P, ZHAO T, et al. Optical and Electrical Properties of Hierarchical Nanostructured Al - Doped ZnO Powders Prepared through a Mild Solution Route[J]. European Journal of Inorganic Chemistry, 2013, 2013(20): 3491-3496.

[234] GHOSH S, SAHA M, DE S K. Tunable surface plasmon resonance and enhanced electrical conductivity of In doped ZnO colloidal nanocrystals[J]. Nanoscale, 2014, 6(12): 7039-7051.

[235] DAI J, XU C, NAKAMURA T, et al. Electron–hole plasma induced band gap renormalization in ZnO microlaser cavities[J]. Optics express, 2014, 22(23): 28831-28837.

[236] LU J, FUJITA S, KAWAHARAMURA T, et al. Carrier concentration dependence of band gap shift in n-type ZnO: Al films[J]. Journal of Applied Physics, 2007, 101(8): 083705.

[237] VARSHNI Y P. Temperature dependence of the energy gap in semiconductors[J]. physica, 1967, 34(1): 149-154.

[238] WANG L, GILES N. Temperature dependence of the free-exciton transition energy in zinc oxide by photoluminescence excitation spectroscopy[J]. Journal of Applied Physics, 2003, 94(2): 973-978.

[239] ZU P, TANG Z, WONG G K, et al. Ultraviolet spontaneous and stimulated emissions from ZnO microcrystallite thin films at room temperature[J]. Solid State Communications, 1997, 103(8): 459-463.

[240] TANG Z, WONG G K, YU P, et al. Room-temperature ultraviolet laser emission from self-assembled ZnO microcrystallite thin films[J]. Applied Physics Letters, 1998, 72(25): 3270-3272.

[241] LIN Y, LI J, XU C, et al. Localized surface plasmon resonance enhanced

ultraviolet emission and FP lasing from single ZnO microflower[J]. Applied Physics Letters, 2014, 105(14): 142107.

[242] ZHANG S, ZHANG X, YIn Z, et al. Localized surface plasmon-enhanced electroluminescence from ZnO-based heterojunction light-emitting diodes[J]. Applied Physics Letters, 2011, 99(18): 181116.

[243] LU J, LI J, XU C, et al. Direct Resonant Coupling of Al Surface Plasmon for Ultraviolet Photoluminescence Enhancement of ZnO Microrods[J]. ACS applied materials & interfaces, 2014, 6(20): 18301-18305.

[244] LU J, XU C, DAI J, et al. Plasmon-enhanced whispering gallery mode lasing from hexagonal Al/ZnO microcavity[J]. ACS Photonics, 2014, 2(1): 73-77.

[245] WANG Y, XU C, LI J, et al. Improved whispering-gallery mode lasing of ZnO microtubes assisted by the localized surface plasmon resonance of Au nanoparticles[J]. Science of Advanced Materials, 2015, 7(6): 1156-1162.

[246] LIN J M, LIN H Y, CHENG C L, et al. Giant enhancement of bandgap emission of ZnO nanorods by platinum nanoparticles[J]. Nanotechnology, 2006, 17(17): 4391.

[247] HWANG S W, SHIN D H, KIM C O, et al. Plasmon-enhanced ultraviolet photoluminescence from hybrid structures of graphene/ZnO films[J]. Physical review letters, 2010, 105(12): 127403.

[248] DESPOJA V, NOVKO D, DEKANIĆ K, et al. Two-dimensional and π plasmon spectra in pristine and doped graphene[J]. Physical Review B, 2013, 87(7): 075447.

[249] EBERLEIN T, BANGERT U, NAIR R, et al. Plasmon spectroscopy of free-standing graphene films[J]. Physical Review B, 2008, 77(23): 233406.

[250] LI J, XU C, NAN H, et al. Graphene surface plasmon induced optical field confinement and lasing enhancement in ZnO whispering-gallery microcavity[J]. ACS applied materials & interfaces, 2014, 6(13): 10469-10475.

[251] LI J, LIN Y, LU J, et al. Single Mode ZnO Whispering-Gallery Submicron

Cavity and Graphene Improved Lasing Performance[J]. ACS nano, 2015, 9(7): 6794-6800.

[252] LIU R, FU X W, MENG J, et al. Graphene plasmon enhanced photoluminescence in ZnO microwires[J]. Nanoscale, 2013, 5(12): 5294-5298.

[253] WEST P R, ISHII S, NAIK G V, et al. Searching for better plasmonic materials[J]. Laser & Photonics Reviews, 2010, 4(6): 795-808.

[254] XU C, SUN X, CHEN B. Field emission from gallium-doped zinc oxide nanofiber array[J]. Applied Physics Letters, 2004, 84(9): 1540-1542.

[255] DAI J, XU C, ZHENG K, et al. Whispering gallery-mode lasing in ZnO microrods at room temperature[J]. Applied Physics Letters, 2009, 95(24): 241110.

[256] ZHU G, XU C, ZHU J, et al. Two-photon excited whispering-gallery mode ultraviolet laser from an individual ZnO microneedle[J]. Applied Physics Letters, 2009, 94(5): 051106.

[257] LI X, CAI W, AN J, et al. Large-area synthesis of high-quality and uniform graphene films on copper foils[J]. Science, 2009, 324(5932): 1312-1314.

[258] BERMAN O L, KEZERASHVILI R Y, LOZOVIK Y E. Graphene nanoribbon based spaser[J]. Physical Review B, 2013, 88(23): 235424.

[259] RUPASINGHE C, RUKHLENKO I D, PREMARATNE M. Spaser made of graphene and carbon nanotubes[J]. ACS nano, 2014, 8(3): 2431-2438.

[260] XU C, XU G, LIU Y, et al. A simple and novel route for the preparation of ZnO nanorods[J]. Solid State Communications, 2002, 122(3): 175-179.

[261] XU C, SUN X. Characteristics and growth mechanism of ZnO whiskers fabricated by vapor phase transport[J]. Japanese journal of applied physics, 2003, 42(8R): 4949.

[262] XU C, ZHU G, LI X, et al. Growth and spectral analysis of ZnO nanotubes[J]. Journal of Applied Physics, 2008, 103(9): 094303.

[263] NI Z, WANG Y, YU T, et al. Raman spectroscopy and imaging of graphene[J]. Nano Research, 2008, 1(4): 273-291.

[264] FERRARI A, MEYER J, SCARDACI V, et al. Raman spectrum of graphene and graphene layers[J]. Physical review letters, 2006, 97(18): 187401.

[265] DAI J, XU C, NAKAMURA T, et al. Electron–hole plasma induced band gap renormalization in ZnO microlaser cavities[J]. Optics express, 2014, 22(23): 28831-28837.

[266] DAI J, XU C, WU P, et al. Exciton and electron-hole plasma lasing in ZnO dodecagonal whispering-gallery-mode microcavities at room temperature[J]. Applied Physics Letters, 2010, 97(1): 011101.

[267] ARAI N, TAKEDA J, KO H J, et al. Dynamics of high-density excitons and electron–hole plasma in ZnO epitaxial thin films[J]. Journal of luminescence, 2006, 119: 346-349.

[268] MITSUBORI S, KATAYAMA I, LEE S, et al. Ultrafast lasing due to electron–hole plasma in ZnO nano-multipods[J]. Journal of Physics: Condensed Matter, 2009, 21(6): 064211.

[269] LUO X, QIU T, LU W, et al. Plasmons in graphene: recent progress and applications[J]. Materials Science and Engineering: R: Reports, 2013, 74(11): 351-376.

[270] JIANG M, LI J, XU C, et al. Graphene induced high-Q hybridized plasmonic whispering gallery mode microcavities[J]. Optics express, 2014, 22(20): 23836-23850.

[271] MICHAELSON H B. The work function of the elements and its periodicity[J]. Journal of Applied Physics, 1977, 48(11): 4729-4733.

[272] SKRIVER H L, ROSENGAARD N. Surface energy and work function of elemental metals[J]. Physical Review B, 1992, 46(11): 7157.

[273] WANG J, ZHENG C, NING J, et al. Luminescence signature of free exciton dissociation and liberated electron transfer across the junction of graphene/GaN hybrid structure[J]. Scientific reports, 2015, 5: 7687.

[1] ANKER J N, HALL W P, LYANDRES O, et al. Biosensing with plasmonic nanosensors[J]. Nature materials, 2008, 7(6): 442-453.

[2] ZHANG M L, FAN X, ZHOU H W, et al. A high-efficiency surface-enhanced Raman scattering substrate based on silicon nanowires array decorated with silver nanoparticles[J]. The Journal of Physical Chemistry C, 2010, 114(5): 1969-1975.

[3] ZANG Y, YIN J, HE X, et al. Plasmonic-enhanced self-cleaning activity on asymmetric Ag/ZnO surface-enhanced Raman scattering substrates under UV and visible light irradiation[J]. Journal of Materials Chemistry A, 2014, 2(21): 7747-7753.

[4] YOGESWARAN U, CHEN S M. A review on the electrochemical sensors and biosensors composed of nanowires as sensing material[J]. Sensors, 2008, 8(1): 290-313.

[5] WILSON G S, GIFFORD R. Biosensors for real-time in vivo measurements[J]. Biosensors and Bioelectronics, 2005, 20(12): 2388-2403.

[6] SAKAGUCHI T, MORIOKA Y, YAMASAKI M, et al. Rapid and onsite BOD sensing system using luminous bacterial cells-immobilized chip[J]. Biosensors and Bioelectronics, 2007, 22(7): 1345-1350.

[7] CHEN S M, CHZO W Y. Simultaneous voltammetric detection of dopamine and ascorbic acid using didodecyldimethylammonium bromide (DDAB) film-modified electrodes[J]. Journal of Electroanalytical Chemistry, 2006, 587(2): 226-234.

[8] XU C, YANG C, GU B, et al. Nanostructured ZnO for biosensing applications[J]. Chinese Science Bulletin, 2013, 58(21): 2563-2566.

[9] ALBRECHT M G, CREIGHTON J A. Anomalously intense Raman spectra of pyridine at a silver electrode[J]. Journal of the american chemical society, 1977, 99(15): 5215-5217.

[10] FLEISCHMANN M, HENDRA P J, MCQUILLAN A J. Raman spectra of pyridine adsorbed at a silver electrode[J]. Chemical Physics Letters, 1974, 26(2): 163-166.

[11] NIE S, EMORY S R. Probing single molecules and single nanoparticles by

surface-enhanced Raman scattering[J]. science, 1997, 275(5303): 1102-1106.

[12] LU J, XU C, NAN H, et al. SERS-active ZnO/Ag hybrid WGM microcavity for ultrasensitive dopamine detection[J]. Applied Physics Letters, 2016, 109(7): 073701.

[13] CAMPION A, KAMBHAMPATI P. Surface-enhanced Raman scattering[J]. Chemical society reviews, 1998, 27(4): 241-250.

[14] WANG P, LIANG O, ZHANG W, et al. Ultra - Sensitive Graphene - Plasmonic Hybrid Platform for Label - Free Detection[J]. Advanced Materials, 2013, 25(35): 4918-4924.

[15] XU H, AIZPURUA J, KÄLL M, et al. Electromagnetic contributions to single-molecule sensitivity in surface-enhanced Raman scattering[J]. Physical Review E, 2000, 62(3): 4318.

[16] PERSSON B N J, ZHAO K, ZHANG Z. Chemical contribution to surface-enhanced Raman scattering[J]. Physical review letters, 2006, 96(20): 207401.

[17] CHANEY S B, SHANMUKH S, DLUHY RA, et al. Aligned silver nanorod arrays produce high sensitivity surface-enhanced Raman spectroscopy substrates[J]. Applied physics letters, 2005, 87(3): 031908.

[18] HUANG Z, MENG G, HUANG Q, et al. Improved SERS performance from Au nanopillar arrays by abridging the pillar tip spacing by Ag sputtering[J]. Advanced Materials, 2010, 22(37): 4136-4139.

[19] NASH A P, YE D. Silver coated nickel nanotip arrays for low concentration surface enhanced Raman scattering[J]. Journal of Applied Physics, 2015, 118(7): 073106.

[20] JIE Z, PENGYUE Z, YIMIN D, et al. Ag-Cu Nanoparticles Encaptured by Graphene with Magnetron Sputtering and CVD for Surface-Enhanced Raman Scattering[J]. Plasmonics, 2016, 11(6): 1495-1504.

[21] STAMPLECOSKIE K G, SCAIANO J C, TIWARI V S, et al. Optimal size of silver nanoparticles for surface-enhanced Raman spectroscopy[J]. The Journal of Physical Chemistry C, 2011, 115(5): 1403-1409.

[22] DILL T J, ROZIN M J, BROWN E R, et al. Investigating the effect of Ag nanocube polydispersity on gap-mode SERS enhancement factors[J]. Analyst, 2016, 141(12): 3916-3924.

[23] KAHRAMAN M, AYDIN Ö, CULHA M. Size Effect of 3D Aggregates Assembled from Silver Nanoparticles on Surface - Enhanced Raman Scattering[J]. ChemPhysChem, 2009, 10(3): 537-542.

[24] ZHANG W, WU X, KAN C, et al. Surface-enhanced Raman scattering from silver nanostructures with different morphologies[J]. Applied Physics A: Materials Science & Processing, 2010, 100(1): 83-88.

[25] ZHANG Y, TAN Y-W, STORMER H L, et al. Experimental observation of the quantum Hall effect and Berry's phase in graphene[J]. Nature, 2005, 438(7065): 201-204.

[26] NOVOSELOV K, JIANG D, SCHEDIN F, et al. Two-dimensional atomic crystals[J]. Proceedings of the National Academy of Sciences of the United States of America, 2005, 102(30): 10451-10453.

[27] ZHU Q, QIN F, LU J, et al. Synergistic graphene/aluminum surface plasmon coupling for zinc oxide lasing improvement[J]. Nano Research, 2017, 10(6): 9.

[28] LING X, XIE L, FANG Y, et al. Can graphene be used as a substrate for Raman enhancement?[J]. Nano letters, 2009, 10(2): 553-561.

[29] LI X, CHOY W C, REN X, et al. Highly intensified surface enhanced Raman scattering by using monolayer graphene as the nanospacer of metal film–metal nanoparticle coupling system[J]. Advanced Functional Materials, 2014, 24(21): 3114-3122.

[30] LEEM J, WANG M C, KANG P, et al. Mechanically self-assembled, three-dimensional graphene–gold hybrid nanostructures for advanced nanoplasmonic sensors[J]. Nano letters, 2015, 15(11): 7684-7690.

[31] TANG Z, WONG G K, YU P, et al. Room-temperature ultraviolet laser emission from self-assembled ZnO microcrystallite thin films[J]. Applied Physics Letters, 1998, 72(25): 3270-3272.

[32] DAI J, XU C X, ZHENG K, et al. Whispering gallery-mode lasing in ZnO microrods at room temperature[J]. Applied Physics Letters, 2009, 95(24): 241110.

[33] CZEKALLA C, STURM C, SCHMIDT-GRUND R, et al. Whispering gallery mode lasing in zinc oxide microwires[J]. Applied physics letters, 2008, 92(24): 241102.

[34] XU C, SUN X W, DONG ZL, et al. Zinc oxide nanodisk[J]. Applied physics letters, 2004, 85(17): 3878-3880.

[35] WANG D, SEO H, TIN C C, et al. Lasing in whispering gallery mode in ZnO nanonails[J]. Journal of applied physics, 2006, 99(9): 093112.

[36] WANG Y, XU C, LI J, et al. Improved Whispering-Gallery Mode Lasing of ZnO Microtubes Assisted by the Localized Surface Plasmon Resonance of Au Nanoparticles[J]. Science of Advanced Materials, 2015, 7(6): 1156-1162.

[37] DAI J, XU C, ZHENG K, et al. Whispering gallery-mode lasing in ZnO microrods at room temperature[J]. Applied Physics Letters, 2009, 95(24): 241110.

[38] GU B, XU C, ZHU G, et al. Tyrosinase immobilization on ZnO nanorods for phenol detection[J]. The Journal of Physical Chemistry B, 2008, 113(1): 377-81.

[39] GU B, XU C, YANG C, et al. ZnO quantum dot labeled immunosensor for carbohydrate antigen 19-9[J]. Biosensors and Bioelectronics, 2011, 26(5): 2720-2723.

[40] DEGEN A, KOSEC M. Effect of pH and impurities on the surface charge of zinc oxide in aqueous solution[J]. Journal of the European Ceramic Society, 2000, 20(6): 667-673.

[41] TIAN Z R, VOIGT J A, LIU J, et al. Biomimetic arrays of oriented helical ZnO nanorods and columns[J]. Journal of the American Chemical Society, 2002, 124(44): 12954-12955.

[42] WEI A, SUN X W, WANG J, et al. Enzymatic glucose biosensor based on

ZnO nanorod array grown by hydrothermal decomposition[J]. Applied Physics Letters, 2006, 89(12): 123902.

[43] XU C, SUN X, CHEN B. Field emission from gallium-doped zinc oxide nanofiber array[J]. Applied Physics Letters, 2004, 84(9): 1540-1542.

[44] LI X S, CAI W W, AN J H, et al Large-Area Synthesis of High-Quality and Uniform Graphene Films on Copper Foils[J]. Science, 2009, 324(5932): 1312-1314.

[45] LI J, XU C, NAN H, et al. Graphene surface plasmon induced optical field confinement and lasing enhancement in ZnO whispering-gallery microcavity[J]. ACS applied materials & interfaces, 2014, 6(13): 10469-10475.

[46] LIU Y, XU C, LU J, et al. Template-free synthesis of porous ZnO/Ag microspheres as recyclable and ultra-sensitive SERS substrates[J]. Applied Surface Science, 2018, 427: 830-836.

[47] LU J, XU C, DAI J, et al. Plasmon-enhanced whispering gallery mode lasing from hexagonal Al/ZnO microcavity[J]. ACS Photonics, 2014, 2(1): 73-77.

[48] LU J, LI J, XU C, et al. Direct Resonant Coupling of Al Surface Plasmon for Ultraviolet Photoluminescence Enhancement of ZnO Microrods[J]. ACS applied materials & interfaces, 2014, 6(20): 18301-18305.

[49] DENG S, FAN H, ZHANG X, et al. An effective surface-enhanced Raman scattering template based on a Ag nanocluster–ZnO nanowire array[J]. Nanotechnology, 2009, 20(17): 175705.

[50] ZHAO X, ZHANG B, AI K, et al. Monitoring catalytic degradation of dye molecules on silver-coated ZnO nanowire arrays by surface-enhanced Raman spectroscopy[J]. Journal of Materials Chemistry, 2009, 19(31): 5547-5553.

[51] CHEN L, LUO L, CHEN Z, et al. ZnO/Au composite nanoarrays as substrates for surface-enhanced Raman scattering detection[J]. The Journal of Physical Chemistry C, 2009, 114(1): 93-100.

[52] TANG L, LI S, HAN F, et al. SERS-active Au@ Ag nanorod dimers for

ultrasensitive dopamine detection[J]. Biosensors and Bioelectronics, 2015, 71: 7-12.

[53] WANG Y, CHEN H, SUN M, et al. Ultrafast carrier transfer evidencing graphene electromagnetically enhanced ultrasensitive SERS in graphene/Ag-nanoparticles hybrid[J]. Carbon, 2017, 122: 98-105.

[54] LI C, LIU A, ZHANG C, et al. Ag gyrus-nanostructure supported on graphene/Au film with nanometer gap for ideal surface enhanced Raman scattering[J]. Optics express, 2017, 25(17): 20631-20641.

[55] KHAN M A, HOGAN T P, SHANKER B. Gold‐coated zinc oxide nanowire‐based substrate for surface‐enhanced Raman spectroscopy[J]. Journal of Raman Spectroscopy, 2009, 40(11): 1539-1545.

[56] CHENG C, YAN B, WONG S M, et al. Fabrication and SERS performance of silver-nanoparticle-decorated Si/ZnO nanotrees in ordered arrays[J]. ACS applied materials & interfaces, 2010, 2(7): 1824-1828.

[57] WANG Z, MENG G, HUANG Z, et al. Ag-nanoparticle-decorated porous ZnO-nanosheets grafted on a carbon fiber cloth as effective SERS substrates[J]. Nanoscale, 2014, 6(24): 15280-15285.

[58] HUANG C, XU C, LU J, et al. 3D Ag/ZnO hybrids for sensitive surface-enhanced Raman scattering detection[J]. Applied Surface Science, 2016, 365: 291-295.

[59] QIU H, WANG M, JIANG S, et al. Reliable molecular trace-detection based on flexible SERS substrate of graphene/Ag-nanoflowers/PMMA[J]. Sensors and Actuators B: Chemical, 2017, 249: 439-450.

[60] KNEIPP K, KNEIPP H, ITZKAN I, et al. Surface-enhanced Raman scattering and biophysics[J]. Journal of Physics: Condensed Matter, 2002, 14(18): R597.

[61] HAO E, SCHATZ G C. Electromagnetic fields around silver nanoparticles and dimers[J]. The Journal of chemical physics, 2004, 120(1): 357-66.

[62] LI W, CAMARGO P H, LU X, et al. Dimers of silver nanospheres: facile synthesis and their use as hot spots for surface-enhanced Raman scattering[J].

Nano letters, 2008, 9(1): 485-490.

[63] FAN J A, WU C, BAO K, et al. Self-assembled plasmonic nanoparticle clusters[J]. Science, 2010, 328(5982): 1135-1138.

[64] IM H, BANTZ K C, LINDQUIST N C, et al. Vertically oriented sub-10-nm plasmonic nanogap arrays[J]. Nano letters, 2010, 10(6): 2231-2236.

[65] LING X, MOURA L, PIMENTA M A, et al. Charge-transfer mechanism in graphene-enhanced Raman scattering[J]. The Journal of Physical Chemistry C, 2012, 116(47): 25112-25118.

[66] WANG X, WANG N, GONG T, et al. Preparation of graphene-Ag nanoparticles hybrids and their SERS activities[J]. Applied Surface Science, 2016, 387: 707-719.

[67] KIM H, SON Y A. Synthesis and Optical Properties of Novel Chemosensor Based on Rhodamine 6G[J]. Textile Coloration and Finishing, 2012, 24(4): 233-238.

博士期间发表论文及其他学术成果

发表论文：

[1] Qiuxiang Zhu, Feifei Qin, Junfeng Lu, Zhu Zhu, Haiyan Nan, Zengliang Shi, Zhenhua Ni, and Chunxiang Xu. Synergistic graphene/aluminum surface plasmon coupling for zinc oxide lasing improvement. Nano Research, 10(6), 1996-2004, 2017. (SCI, IF: 7.354)

[2] Qiuxiang Zhu, Junfeng Lu, Yueyue Wang, Feifei Qin, Zengliang Shi & Chunxiang Xu. Burstein-Moss Effect Behind Au Surface Plasmon Enhanced Intrinsic Emission of ZnO Microdisks. Scientific Reports, 6:36194, 2016. (SCI, IF: 4.259)

[3] Qiuxiang Zhu, Feifei Qin, Junfeng Lu, Zhu Zhu, Zengliang Shi, Chunxiang Xu. Dual-band Fabry-Perot lasing from single ZnO microbelt. Optical Materials, 60 (2016) 366-372. (SCI, IF: 2.238)

[4] Qiuxiang Zhu, Chunxiang Xu, Delong Wang, Bing Liu, Zhu Zhu, Feifei Qin, Yanjun Liu, Xiangwei Zhao and Zengliang Shi. Plasmon-coupled ZnO/Graphene/Silver Hybrid WGM microcavity for Ultrasensitive SERS Sensing. In preparation.

[5] Junfeng Lu, Qiuxiang Zhu, Zhu Zhu, Yanjun Liu, Ming Wei, Zengliang Shi, Chunxiang Xu. Plasmon-mediated Exciton-Phonon Coupling in ZnO Microtower Cavity. Journal of Materials Chemistry C, 2016, 4(33): 7718-7723. (Inside back cover) (SCI, IF: 5.256)

[6] Feifei Qin, Chunxiang Xu, Qiuxiang Zhu, Junfeng Lu, Daotong You, Wei Xu, Zhu Zhu, Manohari A. Gowri. Feng Chen. Extra green light induced ZnO

ultraviolet lasing enhancement assisted by Au surface plasmon. Nanoscale, 2018, 10, 623-627. (SCI, IF: 7.367)

[7] Feifei Qin, Ning Chang, Chunxiang Xu, Qiuxiang Zhu, Ming Wei, Zhu Zhu, Feng Chen, Junfeng Lu. Underlying mechanism of blue emission enhancement in Au decorated p-GaN film. Rsc Advances, 2017, 7, 15071-15076. (SCI, IF: 3.108)

[8] Junfeng Lu, Zengliang Shi, Yueyue Wang, Yi Lin, Qiuxiang Zhu, Zhengshan Tian, Jun Dai, Shufeng Wang, Chunxiang Xu. Plasmon-enhanced Electrically Light-emitting from ZnO Nanorod Arrays/p-GaN Heterostructure Devices. Scientific Reports, 2016, 6: 25645. (SCI, IF: 4.259)

[9] Junfeng Lu, Chunxiang Xu, Haiyan Nan, Qiuxiang Zhu, Feifei Qin, A. Gowri Manohari, Ming Wei, Zhu Zhu, Zengliang Shi, Zhenhua Ni. SERS-active ZnO/Ag hybrid WGM microcavity for ultrasensitive dopamine detection. Applied Physics Letters, 2016, 109(7): 073701. (SCI, IF: 3.411)

参加相关学术会议：

[1] Qiuxiang Zhu， Chunxiang Xu， Lanjun Liu. Burstein-Moss Electron Filling Behind Au Surface Plasma Enhanced Intrinsic Emission of ZnO Microdisks. ThinFilms 2016， the 8th International Conference on Technological Advances of Thin Films and Surface Coatings. Oral presentation， 2016.7.12-15， Singapore.

[2] Qiuxiang Zhu， Chunxiang Xu， Yunjun Liu. Metal nanoparticles coated on ZnO microrods for lasing enhancement. Optics Frontier-The 8th International Conference on Information Optics and Photonics （CIOP 2016）. Poster. 2016.07.17-20， Shanghai.

[3] Qiuxiang Zhu， Feifei Qin， Yanjun Liu， Daotong You， Chunxiang Xu. Title: Synergistic graphene/aluminum surface plasmon coupling for zinc oxide lasing improvement. The 8th Chinese Academic Conference of Zinc Oxide. Oral presentation， 2017.10.28-11.03， Nanning.

[4] Chunxiang Xu, * Junfeng Lu, Jitao Li, Yi Lin, Yueyue Wang, Qiuxiang Zhu. Plasmon-enhanced ZnO WGM lasing and mode regulation. The 12th Sino-US Nano Symposium. 2017.05.25-05.28, Beijing.

主持项目：

[1] 湖南省教育厅科学研究项目一般项目，15C0251，石墨烯表面等离激元增强氧化锌微纳米结构受激辐射研究，2015/09-2017/08，主持。

致　　谢

时光荏苒，岁月如梭，笔者在东南大学生物科学与医学工程学院四年的求学生涯即将结束。

本书是在笔者的导师徐春祥教授的悉心指导下完成的，从选题、实验设计、实验过程、结果分析、撰写到修改都凝结了徐老师的心血和智慧。在此期间，徐老师因为淋巴结节需要动手术，躺在病床上的他还在孜孜不倦地帮助笔者修改并完善工作，令笔者非常感动和钦佩。徐老师不仅是一位学识渊博、治学严谨、求真务实、开拓进取的良师，还是一位平易近人、谦逊温和、善解人意、积极乐观的益友。他提倡“努力工作·快乐生活”方针，营造了一个互帮互助、团结协作的科研团队。徐老师不仅教会了笔者对科研的态度与方法，更让笔者领悟到了勤奋出真知的道理；不仅在科研和学习上给予笔者支持和鼓励，也在生活上给笔者无私的关怀和帮助。在此，笔者要向徐老师表示衷心的感谢和诚挚的祝福。

感谢东南大学生物科学与医学工程学院、生物电子学国家重点实验室为笔者提供了先进的科研平台。感谢课题组石增良老师、崔乾楠老师、卢俊峰博士、王悦悦博士、理记涛博士和林毅博士在科研上的指导和帮助。感谢实验室秦飞飞博士、陈峰博士、刘雁军博士、单雅琦博士及各位师弟师妹们在生活和工作上的支持和帮助，祝福他们科研有果，早日完成学业。

感谢东南大学物理系倪振华教授、南海燕博士，重点实验室赵祥伟教授、王德龙博士、刘兵博士给予的指导和帮助！他们无私的关怀和帮

助给了笔者战胜困难的勇气和决心！

最后，感谢笔者的父母、丈夫及亲友的关心与帮助。特别感谢笔者的婆婆，跟笔者一起到东南大学养育幼子并任劳任怨、毫无怨言！你们的理解与支持给了笔者莫大的信心与动力！谢谢你们！